经典科学系列

可怕的科学

HORRIBLE SCIENCE

力的惊险故事

FATAL FORCES

〔英〕尼克·阿诺德／原著 〔英〕托尼·德·索雷斯／绘 岳金霞／译

北 京 出 版 集 团
北京少年儿童出版社

图书在版编目(CIP)数据

力的惊险故事／(英)阿诺德(Arnold, N.)原著;(英)索雷斯(Saulles, T. D.)绘;岳金霞译. —2版. —北京:北京少年儿童出版社,2010.1
(可怕的科学·经典科学系列)
ISBN 978－7－5301－2357－7

Ⅰ.①力… Ⅱ.①阿… ②索… ③岳… Ⅲ.①力学—少年读物 Ⅳ.①O3－49

中国版本图书馆 CIP 数据核字(2009)第 183417 号

可怕的科学·经典科学系列
力的惊险故事
LI DE JINGXIAN GUSHI
[英]尼克·阿诺德　原著
[英]托尼·德·索雷斯　绘
岳金霞　译
*
北京出版集团
北京少年儿童出版社　出版
(北京北三环中路6号)
邮政编码:100120
网　址:www.bph.com.cn
北京出版集团总发行
新华书店经销
北京宝昌彩色印刷有限公司印刷
*
787毫米×1092毫米　16开本　10.5印张　50千字
2010年1月第2版　2021年8月第47次印刷
ISBN 978－7－5301－2357－7/N·145
定价:25.00元
如有印装质量问题,由本社负责调换
质量监督电话:010－58572393

目录

这个画面够惊险的吧?
没错，配这本书很合适!

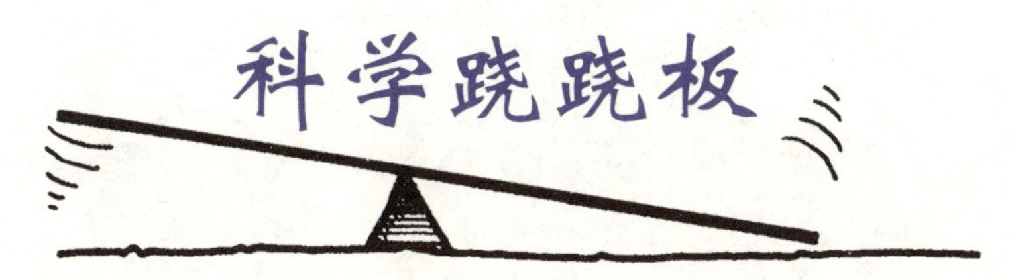

科学好像有一个致命的缺陷，那就是它非常枯燥。例如你可能只是问了一个非常简单的问题，可是你却不得不倾听一大篇枯燥而又复杂的讲解。

★ 在自然界中，任何两个物体都是相互吸引的，引力的大小跟这两个物体的质量乘积成正比。

有些回答中还包括了一大堆神秘的数学问题……

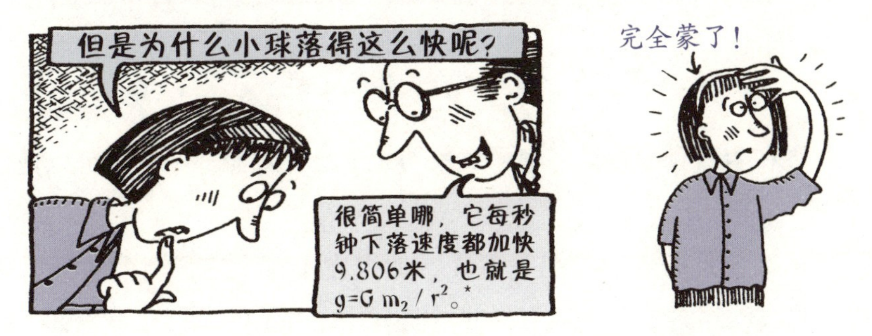

★ 球的下落加速度决定于重力的大小。它是由地球的大小，以及物体与地心之间的距离所决定的（公式中m_2表示地球的质量，r表示距离，G为万有引力常数）。

你可千万不要试图与一位科学家争辩……

否则你将得到一个无法再辩驳的回答……

★ 你问的问题越多，科学就会使你越迷惑。

现在明白我的意思了吧？这一切几乎是“致命”的，足可以把你烦死！

那么，这些定律都是什么呢？如果你违背了它们会发生什么事呢？你真的违背了吗？或者真的可能有什么可怕的惩罚在等着你，也许你将被迫忍受额外的科学课程，并且有大量的作业？到底是什么迫使你必须要遵循这些讨厌的定律呢？是老师吗？不。

是“力”使你摔倒的，因为力可以使物体移动。力有很多种，既可以是你轻弹一粒豌豆的那种力，也可以是巨大星体产生的那种可怕的引力。所以，力的作用效果也有很多种，既可能使银河系内部爆炸，也可能把那粒豌豆弹到你老师的耳朵眼儿里。（当然了，这极有可能会引发另一场“爆炸”！）

但是力确实具有令人心跳的惊险效果，如把人压变形，或者使人变得病弱，甚至结束人的生命（通常在学校里，用错了力、使错了劲儿，是不会造成那么严重的后果的——顶多也就是被老师留堂而已）。

这里我们有一个关于力的真实故事。这个故事中讲到了那些不幸的命运以及可怕的经历，并且这一切都是真实的。但又有谁知道呢？如果你现在就强迫自己阅读下一页，说不定以后你真的会对这些“力”着迷，甚至还可能对老师施力，叫他严肃认真地对待你的科学作业呢……

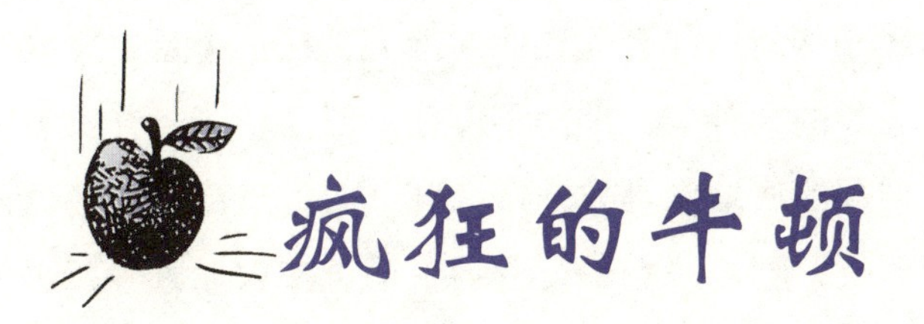

疯狂的牛顿

一个囚犯生病了，高烧使得他把审讯室里的蜡烛想象成了可怕的鬼怪。他仿佛一次又一次地听到法官的宣判：“处死他！”然后他就晕了过去。

后来，他在黑暗中醒来，挣扎着站起来，试着在黑暗的牢房里摸索。他的脚在黏糊糊的地板上滑行，接着他就被绊倒了，他的手想扶住什么，却是徒劳。他倒在一个无底深渊的边缘，只要再向前走一步，他就会像石头一样滚进深渊里去了。精疲力竭的囚犯睡着了，当他再次醒来时，发现自己被绑在一个矮凳上。无助的他只有呆呆地凝视着上空，心中充满了恐惧。

一个庞大的雕塑像塔一样矗立在他的上方，在这个奇形怪状的东西手里有一只摇动着的大钟摆，钟摆不停地来回摆动着，并发出可恶的嘶嘶的响声。钟摆的底端像剃刀一样锋利，而且越摆越低。那刀刃已经离囚犯越来越近，嗞……嗞……嗞嗞！饥饿的大老鼠躲在阴暗的角落里注视着这一切，它们等待着过一会儿就可以大嚼那个囚犯的尸体了。致命的刀刃嗞嗞作响，已经滑过了囚犯裸露的胸膛……

别紧张！这只是一个故事——《深渊与钟摆》，是由美国作家埃德加·爱伦·坡在1849年创作的。但是对于科学家来说，坡的故事非常有意思，因为那个可怕的死法——深渊与钟摆——涉及了“力”。由于重力的作用使人掉进陷阱；钟摆运动是由重力和向心力共同决定的（见第102页）（向心力就是作用在钟摆杆上的力，它使得摇摆的物体不会脱离机器的其余部分）。这些力对于那个囚犯来说都是致命的。

严重的安全警告！

力与人不同，你无法与它们讲道理或者说服它们。力是一种物理现象，具有杀伤性。

一旦和它作对，你就完蛋了！

附 言：

啊哈，顺便说一声，你将会很高兴地得知那个囚犯最终逃了出来。你想问他是如何做到的？当然是那些老鼠帮了忙——它们咬断了绑住他的绳子。我敢打赌你没有想到吧！更令人意想不到的是，一位非常厉害的科学巨星早已经把这些力解释明白了，他就是令人叫绝的艾萨克·牛顿。

科学家画廊

艾萨克·牛顿（1642—1727）国籍：英国

艾萨克·牛顿是在圣诞节那天出生的。医生当时认为牛顿可能养不活，因为他实在是既瘦小又虚弱。

★ 医生的言外之意可能是，也许明天小牛顿就死掉了！

牛顿最终还是活下来了，并且很快就对科学产生了浓厚的兴趣，尽管老师们觉得他并不是特别聪明。事实上，牛顿是因为在家里忙于做实验，而没有把更多的精力花在学校的功课上。（你可千万不要以这个为借口偷懒！）当牛顿长到16岁时，他的妈妈就叫他去管理他们家的农场了。但是，牛顿根本不是一个称职的农场主，他把所有的时间都花费在做实验上，而让他的羊群在麦田里尽情地吃个没完。

于是，牛顿只好到剑桥大学去读书了。大学期间，他把所有能找到的数学书统统读了一遍。（当然也包括那些没有图画的书了！）他总是穿着脏兮兮的衣服，出神地想着心事，以至于常常在去吃晚饭的路上走丢。对于牛顿来说，晚饭实在是多余的。当一个人专心致志地进行令人着迷的科学计算时，谁还需要吃晚饭呢？

1665年，一场致命的瘟疫席卷了整个伦敦。没过多久，每周的死亡人数达到了7000人。权威人士只好将剑桥大学关闭，以此来阻止瘟疫的蔓延。于是，牛顿不得不回家了。但是他并没有把这当成假期，而是做了更多额外的功课。奇怪吧？那真是令人震惊的功课！他发明了微积分学——这是一种今天人们还在使用的数学体系，可以用来设计火箭航程。牛顿还发现太阳光是由多种色彩组成的。

这些重大的发现给数学和物理学带来的影响长达300年之久。紧接着，牛顿又实现了一次非常令人难以置信的科学突破……

苹果和月亮

英国乌尔斯镇，1666年

天已经快黑了，一个清瘦的年轻人仍在继续读书，他的手指穿过及肩的长发。艾萨克·牛顿坐在果园里，正努力计算月亮是如何围绕着地球旋转的。突然，从那所旧式的农屋中传出一声召唤：

牛顿心想:“妈妈总是在晚饭前半个钟头就叫我，这是她的小把戏，为的就是让我能够按时回家。”

一想到这儿，牛顿根本没动地方。如果那次妈妈一叫他，他就离开果园，也许科学的整个历史就完全不同了。但就在那时，有个东西吸引了他的注意力。

等待已久的时刻终于到来了——已经静静地等待了几个月。起先它不过是个绿色的小鼓包，现在它红通通的，有男人的拳头那么大了。它像一个富含水分与糖分的有生命的泡泡，甜味多汁的果肉和苦味的种子都裹在蜡质的果皮里面。这就是那个苹果！科学史上最有名的苹果！

“你的晚饭放在桌子上了，那是你最喜欢吃的！”

“来了，妈妈！”

一阵凉风吹得树叶沙沙作响，牛顿打了个冷战。他叹了口气，不情愿地合上书。这时，那根联结着苹果的、细嫩的果柄突然无声地折断了。那个苹果似乎被一股无形的力量猛地一掰，从树上急急地掉了下来。苹果穿过沙沙作响的树叶，温柔地砸在牛顿的头上。

如果是你，你会怎么做呢？也许你会去吃晚饭，把苹果的事忘得一干二净，但牛顿没有那么干。他一边揉着脑袋，一边看着月亮。在夜晚的天空中，月亮像一枚明亮的银币闪闪发光。

“为什么月亮不会掉下来呢？”他一面大口地嚼着那个“著名”的苹果，一面出神地思考着这个问题。

不知道为什么，牛顿想起了他的学校和那个让人讨厌的“木桶游戏”。他特别讨厌别的孩子叫他玩这个游戏。他记得是用一根绳子系住装着水的木桶，然后甩起来在头上旋转。对于牛顿这个又瘦又小的男孩来说，那是一件很难做到的事情。但令人惊讶的是，水居然能够一直留在木桶里面而不洒出来，好像是被一种无形的力量拴住了一样。

“也许那就是使月亮也留在天空中的力量吧。”牛顿自言自语地说。

这时，牛顿的妈妈又喊起来：“牛顿，你的晚饭放在桌子上了，饭菜都已经凉透了！”

“我说了，我就来，妈妈！”

牛顿扔苹果的时候，突然想到如果把苹果扔到月亮上，会发生什么呢？科学史上最著名的苹果核不见了，当它砸到一只小猫的身上时，小猫发出一声低低的“喵呜”声。

牛顿完全忘记了他的晚饭。他开始计算为了不使苹果飞入太空，需要多大的重力。接着他又想到为了不使月亮撞向地球，月亮需要以多大的速度运转才行。

最后，气愤已极的妈妈出现在大门口，她用手护着蜡烛，以免被寒冷的夜风吹灭，喊道："我已经把你的晚饭喂猫了，并打算把你的早餐拿去喂猪！"

果园里没有回音。这时，我们的牛顿依然站在那里，他还在专心致志地思考问题呢！

给老师出难题

你的老师对这位著名的科学家到底知道多少呢？

1. 牛顿小时候最喜欢的玩具是什么？

a）一套化学装置。

b）一个玩具风车，是由一只装在轮子里的小老鼠驱动的。

c）他讨厌玩具。他宁愿做一些偏难的数学题。

2. 在大学里的第一天，他买了些什么？

a）为了做额外的作业，他买了一把椅子、一瓶墨水和一个笔记本。

b）新衣服和当地游乐园的门票。

c）一块面包。

3. 牛顿是如何解决偏难的科学问题的？

a）牛顿在洗澡的时候，突发灵感，找到了答案。

b）是通过与科学界的朋友交流获得的答案。

c）整天冥思苦想，直到最终找出答案。

4. 牛顿成为了剑桥大学数学教授，但是没有人爱听他那枯燥的课。那么，他是怎么做的呢？

a）他把学生聚集到一起，强迫他们听讲。

b）继续对着空空的教室讲他的课。

c）试图讲一些笑话和趣闻，让课程变得有意思。

5. 牛顿的狗把蜡烛撞翻了，结果蜡烛把他20年的辛勤劳动成果付之一炬。他会怎么做呢？

a）拔出剑，把狗杀了。

b）依靠记忆重新写一遍。

c）把过去的工作都忘到脑后，研究一些新的、实验性的问题。

答案

1. b）那套玩具是他自己设计的。

2. a）

3. c）

4. b）你的老师讲课时也存在这个问题吗？

5. b）

你老师的得分成绩意味着：

1–2分 老师的答案是猜的。

3–4分 关于牛顿的故事，老师知道一些，但不全面（正如其他老师一样）。

5分 很不巧，你的老师已经读过这本书了。

牛顿有关运动的书

牛顿直到20年后才发表了他的伟大的发现成果。他一直都忙于教学工作，但到后来，他可能是担心别人会抢了他的荣誉，所以把自己的思想观点写成了一本书。他把自己关起来，整整写了一年半的时间，每天工作差不多20个小时。

有时候牛顿的助手会提醒他，他已经错过了晚饭时间。

“是吗？”牛顿困倦地嘟囔着，然后会随便吃两口，然后又接着工作。

牛顿写的书是《自然哲学的数学原理》，这本书是有史以来最为杰出的科学著作之一。在书中，他试图以一种有趣的方式来解释整个宇宙的奥秘。（当然了——如果这本书不是用拉丁文写成的，而且里面不是写满了神秘的数学符号，那么它可能真的很有意思呢！）牛顿描述了什么是重力、有关力的三个非常重要的定律，以及物体是怎样运动的。这些定律可以说明为什么潜艇向前开动的时候需要向后喷水，还能够解释相隔很远的星球爆炸时会发生什么事情，当然也会告诉你为什么低飞的小麻雀会把它的粪便滴到你的脑袋上。

若要想象牛顿定律说的是什么，教你一个方法，那就是在脑海中假设有那么一个真正的、倒霉的早晨。你是什么意思呢？——难道你想天天如此吗？

牛顿第一定律

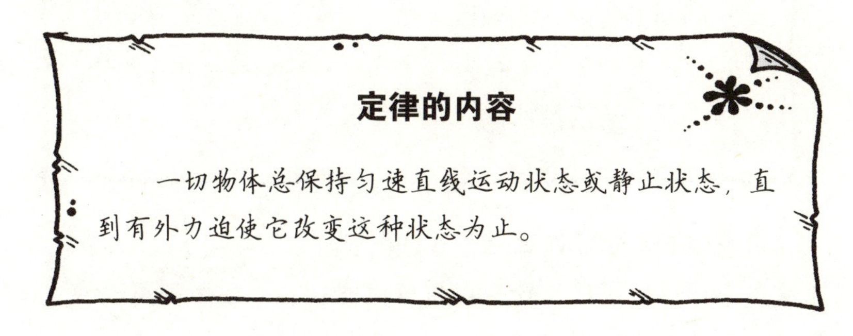

这条定律是什么意思呢？

当你无聊地盯着早餐时，你的脆玉米片一直是静止不动的。除非当你打起精神开始吃掉它们的时候，它们才会动。而当你笨拙地敲打着你的汤勺时，你的早餐突然飞出去了一半。有一片玉米片正巧掉在你老爸的脑袋上。如果不是因为地球重力向下拉的缘故，玉米片就可能会一直沿着直线飞出去。

牛顿第二定律

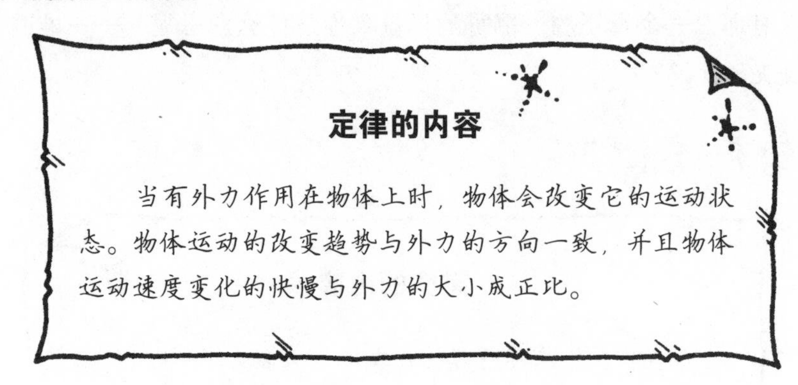

这条定律的意思是什么呢？

这条定律可以解释为什么在足球比赛中，一记重射可以使足球以致命的速度呼啸着飞向守门员。

牛顿第三定律

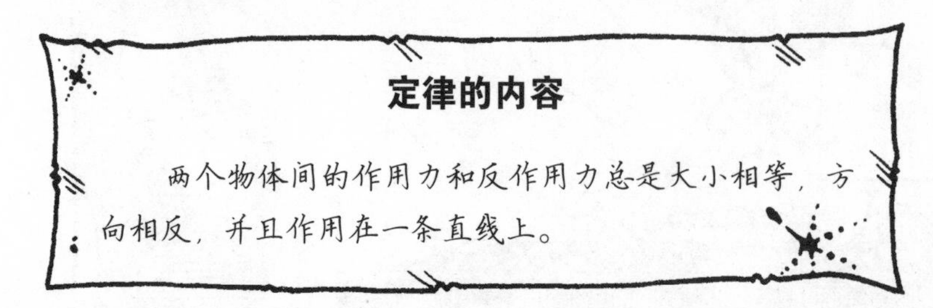

这条定律的意思是……

你起晚了，只好急急忙忙往学校跑。但你还没有完全清醒，这时你一不小心撞到一根电线杆上。电线杆紧接着就把你弹了回来！这是真实的——的确会发生这种情况。

你肯定不知道！

当牛顿的苹果砸到地上时，地球也反过来撞了那个苹果一下。这就是牛顿第三定律所讲述的内容了：物体之间的作用力与反作用力总是相同的。但是没有人会注意到地球移动了那么微小的一点点距离。更有趣的是，人们最后以牛顿的名字作为力的单位名称。也就是说，一牛顿力的大小差不多相当于……一个苹果。然而，牛顿可不是一个普通的天才，他也有疯狂的一面呢。

牛顿疯狂的性格

1. 牛顿3岁的时候，他的妈妈就再婚了。牛顿特别讨厌他的继父，常常想杀掉他。当然，他并没真那么干。当他的继父去世时，小牛顿高兴极了。

2. 在学校里，最初牛顿没什么朋友，直到他把学校那些欺负弱小学生的人狠狠地教训了一顿之后，他才有了伙伴。牛顿比他的对手瘦弱得多，但是他的鬼点子最终令他在打架中获胜。在那次疯狂的事件之后，牛顿出名了。

3. 牛顿不喜欢女人，一生都没有结婚。他的朋友约翰·洛克总是试图给他介绍女朋友，对此，牛顿十分反感。后来，牛顿写了一封信给洛克：

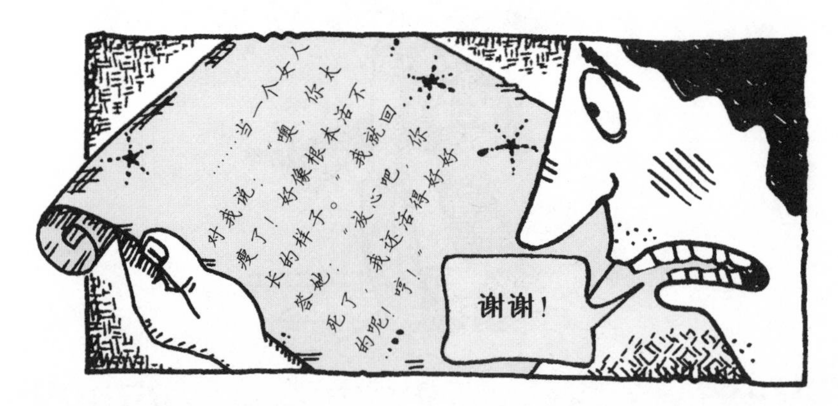

尽管牛顿不喜欢女人，他还是十分宽大地叫他的侄女凯瑟琳每天为他做饭、打扫房间。

4. 牛顿是个生活十分单调的人。他除了工作之外没有什么业余爱好。他很少笑，并且他把诗歌称作是：

5. 1686年，牛顿和科学家罗伯特·胡克（1635—1703）吵翻了。胡克不公正地指责牛顿，说牛顿窃取了他关于重力的思想。对此，牛顿在信中说道，胡克简直就是一个妄想家和贪得无厌的家伙。从此牛顿再也不理胡克了。

6. 创作完成《自然哲学的数学原理》之后，牛顿经历了一次疯狂的转折。他差不多疯了两年，什么科学研究也做不了。一些历史学家认为，牛顿只不过是有一点消沉，但另外一些人却认为，牛顿因为那些用在化学实验中的汞而中了毒。

7. 牛顿逐渐恢复了健康，被任命为皇家造币厂的监管，负责改良英国货币。据说，牛顿最喜欢抓那些造假币的人了，并且把他们送上绞架。

8. 德国人哥特弗里德·莱布尼兹（1646—1716）声称他发明了微积分。牛顿指责莱布尼兹窃取了他的研究成果。但是事实上，莱布尼兹是与牛顿同期，独立研究并发现了微积分。（事实上是莱布尼兹发明了“微积分”一词——牛顿称之为“流数术”。）

9. 后来，牛顿病得很厉害，不得不搬到乡村去住，以便休养身体。几周之后，他死于膀胱结石。而那时，84岁的牛顿是一个怪脾气的老头，当然，他依旧是一个伟大的天才。

牛顿名言

像许多天才一样，人们很难完全理解牛顿。以下是牛顿对自己的评价：

* 牛顿可不是在说叠罗汉的游戏。他所说的巨人，是指那些他所崇拜的早期的科学家们。

牛顿还说道：

★ 牛顿的意思是，他认识到对于他来说，还有太多的东西要去学习。牛顿是对的。他仅仅是抓住了事物的表层，还有更多关于力的、令人神往的故事呢。在下一章中，你就会发现它们了！

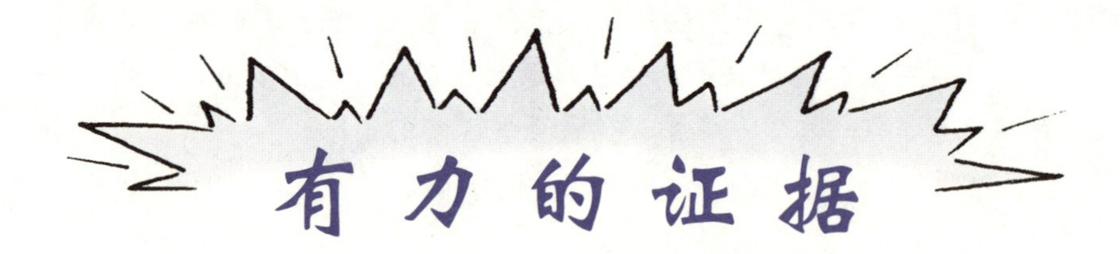

有力的证据

力无处不在。没有力的作用，你就什么也做不成。令人奇怪的是，在牛顿之前，人们对于力是如何作用的其实知道得很少。

令人迷惑不解的运动原理

科学家可能会告诉你，力就是那种可以影响物体或人的运动和形状的东西。听上去怎么那么让人糊涂呀？但是你不知道，在牛顿之前，科学理论更加令人迷惑不解呢！在最早研究力的学者中，有一位就是希腊的天才亚里士多德。

科学家画廊

亚里士多德（前384—前322）国籍：希腊

亚里士多德是一个医生的儿子。当他还是小孩子的时候，父母就去世了。年轻时，他把钱都挥霍在一些狂热的晚会上。但是，亚里士多德17岁那年，突然醒悟过来，决定重新回到学校。

亚里士多德在雅典的研究院学习，他的老师就是智慧的哲学家柏拉图。亚里士多德非常喜欢那个地方，所以他在那里待了20多年，开始是做学生，后来当了老师。

亚里士多德到处游玩了4年，最后来到马其顿王国，他的一个老朋友菲利普是那里的国王。菲利普请亚里士多德教他的儿子——亚历山大。亚里士多德工作得十分出色，后来年轻有为的亚历山大就成了亚历山大大帝。亚里士多德去世之前（他死于急性消化不良）写下好多本著作，内容十分丰富，从政治学到生物学（比如蝗虫是如何叫的）。他还对力学作了一些研究。

神奇的运动

以下是亚里士多德对力的描述：

错！错！错！但是两千多年以来，人们一直以为亚里士多德那些古怪的想法是正确无误的。直到后来，牛顿用数学的方法证明了亚里士多德的错误。于是，今天我们已经可以推断力是如何作用的了。对于一个科学家而言，他可能会说：“学习关于力的知识，就和骑自行车一样简单。”噢，是吗？骑自行车可没那么容易，我们请一位科学家来证明一下吧！

科学家骑车历险记

小小的警告！

如果你最后进了医院，那可不是我们的错，准备好了吗？

第1课：动态平衡

还记得当初学骑自行车的情形吗？很难，对吧？这位科学家的耳朵里是充满了液体的空间，我们把它叫作半规管。（老师的大脑可能是一个更大些的充满了气体的空间，哈哈！）这些通道可以帮助她保持在自行车上的平衡。当液面四面晃动时，传感器就会告诉大脑她是否依旧平衡。她那聪明的大脑也会注意到重力、速度、地形和风向。当然了，这一切都是同时进行的。

她没有将科学书、三明治等东西挂在一个手把上，因为这将会使她失去平衡。原则上，她的屁股是重心——其他都围绕着这一点保持平衡。

第2课：省劲的惯性

惯性就是物体保持原来运动状态的一种作用。这就解释了为什么启动自行车要比骑车前行更费劲。我们的科学家已经上路了。只要她骑起来，就很容易保持前进了。惯性会使她保持直行。但是，有时候她还需要费点劲才行。哎哟！

第3课：巨大的动量

动量是判断科学家是否具有继续前行能力的量度。动量取决于她的质量。如果你对这一论述不明白的话，那么最好读读下一段。

质量意味着科学家身上所有的东西，包括她的衣服，甚至还包括她所吃的早餐在内。她的质量、车子的质量乘上她的速度就产生了她的动量。哟！

第4课：让人迷惑不解的动量

噢！她把学校那个欺负小同学的坏小子撞飞了。科学家会说她把动量转移到了那个坏小子身上，并称为“动量守恒”。人们把某一方向上的速度时髦地称为“速率”。所以她为了能够保住性命，最好是以一定的速率前进才行。

噢，那个欺负小同学的坏小子正站在一块滑板上向她滑过来。眼看着就要撞到一起啦！当他们撞到一起的时候，两者的动量互相抵消了。所以他们两个都慢慢停了下来。结果是麻烦来了！

第5课：急性子的重力

当骑车下坡的时候，速度会变得更快。重力好像要把科学家拉到地球中心一样。而且，斜坡的底部要比顶部距离地球的中心更近一些。这就解释了为什么当科学家失去平衡时，她更容易从自行车上摔下来，而不是继续停留在原地。顺便说一句，如果她真的跑到地球中心去了，那里的重力作用足以把她压成一个肉球。嘿！

累了吗？我们的科学家可是累坏了。她真的一点“动能”都没了。动能也是一个时髦的科学名称，就是指科学家运动时候的能量。好吧，我们就让她歇几分钟，然后再叫她回来工作吧。

第6课：笨拙的加速度和阻力

对于科学家来说，加速度的意思是改变速度的大小或者方向。所以当她减速时，也称为“加速度”。当她从山上加速往下骑车的时候，她会感到风呼呼地吹进她的鼻孔（以及身体的其他部位），并且风企图使她慢下来。这种力就叫作阻力。假如是刮大风的话，科学家就会被阻力从车上“拖”下来——那样的后果可是致命的呀。

第7课：在离心力的作用下飞驰

如果在转弯处骑得太快，也是非常危险的。科学家在拐角处倾斜身体，因为她的自行车还保持着直线的运行轨迹。

如果她不倾斜身体的话，她就可能会从车上掉下来。这就是“离心力”的作用效果。如果她仅仅是转动了车把，那么车子的离心力可能会把她抛到相反的方向去。

第8课：拼命的齿轮

自行车上的齿轮可以帮助科学家的车子上山。齿轮带动车轮旋转，其速度要小于科学家蹬车的速度。这就意味着蹬车并不是一件特别辛苦的工作。当科学家以很快的速度下山时，它可以选用一个高速齿轮，这样她就可以蹬得很慢，但是却可以产生很大的力量。是呀——齿轮真伟大。就像一位科学家说过的：“齿轮是一种实现力的转换的很棒的途径。”

第9课：暴躁的摩擦力

摩擦力会使运动的物体减速。当一个运动的物体与另外一个物体接触的时候，摩擦力就产生了。科学家的橡皮轮胎和地面挤压的时候就产生了这种摩擦力。这种力可以帮助科学家控制自行车，避免致命的碰撞。由于冰面上没有摩擦力，所以车在上面会打滑。你可千万别在溜冰场上表演车技。

当她想减速，或者想停车的时候，按住车闸可以夹住轮子，摩擦力就使车子停住了。但是如果她刹闸太猛，惯性会把她推向前。这时，她就会上演一出精彩但却可能是致命的车把杂技了。

第10课：讨厌的振动

当科学家沿着崎岖的小路骑车时，她可能会感到有一点振动（其实就是颠来颠去）。这种振动是由于轮胎的压挤所造成的波动。她的轮胎和车座弹簧的设计可以减少一部分振动，但是无法阻止她身体的振动，她的肌肉在颤动，眼球在眼窝里来回滚动。

让人琢磨不透的物理学家

研究力学的科学家是物理学家。他们还研究运动、探查事物的构成以及试图计算出宇宙是如何运转的。典型的物理学家都有点邋遢，并且喜欢胡乱地修补东西。物理实验室总是乱糟糟的，堆满了有趣的零碎物品，那些东西大多是在制造一台神奇的机器后剩下的废料。

可怕的表述

这很危险吗？

答案

是有点危险。这意味着当过山车滑上斜坡的顶部时，过山车已积聚了大量的势能，而这部分能量会使过山车从斜坡的另一面飞快地滑下去。

你肯定不知道！

物理学家谈到力时，总爱使用两个很奇怪的词——“能量”和“做功”。但愿这两个词对你来说并不是太陌生。但是我们可不是要谈论那种打起精神去做作业、或者洗盘子所需要的能量。真的不是！

物理学家谈到“做功”时，是想说明当力使物体移动了一段距离所发生的现象。按照他们的意思，你在写数学作业时，就是在“做功”了，但不是指你的大脑在计算答案时的那种情况。能量是做功的能力。听起来挺有趣的吧——毕竟你需要能量才可以工作，没错吧？

总考虑什么是能量，什么是做功，有点让人头痛，那就休息一小会儿？好——全身放松一下吧。让我们为了下一章来养精蓄锐。你真的需要这样做，因为下一章就是关于速度和碰撞的故事了。赶快系紧你的安全带吧！

惊人的速度

有些人认为速度是惊人的，可有的人却不这么想。早期的火车把一些人吓了一跳，因为那些人知道没有哪个人的速度在超过每小时32千米的情况下还能活着。当然了，其实人们是能够办到的。但有一件事是确定的——那就是你走得越快，你就越可能碰到一些致命的力量。啊！

给老师出难题

你的老师反应快吗？微笑着问她：

（注意一个细微的措辞——你的老师可能会认为你在谈论骑自行车——但她错了。）你的老师可能会这样说："差不多每小时达到50千米吧！"——完全错了。这时候你可以说："不，我想你答错了。1899年，C.M.墨菲先生打破了纪录。他将自行车拴在一列火车的后面，1分钟就跑了1.6千米。"

你在家可千万别这么干呀！

快速测验

1. 高速

看你是否能将下面这3个物体按照速度的大小排序，把最快的那个放在前面。

a）高能来复枪射出的子弹。

b）在太空运行的水星。

c）1969年登载阿波罗十号飞船的3个宇航员。

2. 正常速度

你认为下面3个物体哪个最快？

a）变色龙捕捉飞虫时的舌头。

b）通过你神经的一条信息。

c）从99.4米高的建筑上掉下来的人。

3. 低速

你能把这3个物体按照速度大小排序吗？把最快的放在前面。

a）指甲的生长速度。

b）竹笋的生长速度。

c）大西洋的扩展速度。

答案

1. b）当水星绕着太阳运转时，它的速度是每小时172 248千米（47.847千米/秒）。水星是太阳系中速度最快的行星。c）每小时39 897千米（11.08千米/秒）宇航员会感到有点晕。a）每小时3302千米（917米/秒）。子弹的速度实在是太快了，人们根本看不见它。因为子弹的速度比声音的速度还要快，所以人们在听到枪响之前就被射中了。不知为何，听起来有点离谱！

2. b）每小时483千米（134米/秒）。c）每小时141千米（39.17米/秒）。这个速度是特技表演师丹·科克在1984年创造的，当时他从拉斯维加斯世界大厦上跳下来，幸运地掉进一个气垫里，而不是摔在人行道上。a）每小时80.5千米（22.36米/秒）。那只飞虫肯定完蛋了！

3. b）每小时3厘米。假如你的指甲生长的速度也像竹笋生长一样快，那你可就麻烦了。c）每小时0.0006厘米。大西洋正在逐渐变宽，这是由于地层下很深的地方，有很多的岩石板块运动造成的。a）每小时0.00028厘米。如果指甲的生长速度超过这个，那可不是闹着玩的。

你肯定不知道！

如果你的外形可以使空气绕着你流动，而不是顶着你，那么你会运动得更快些。这种外形称为“流线型”，它可以减小阻力。尖头子弹就是一种流线体外形，但是人的脑袋可不是流线型的。哈哈，如果我们都长着尖尖的流线型脑袋可就逗了！自行车最高纪录保持者就带着尖尖的流线型头盔。速度越大就意味着动量越大。了不起呀！

力的惊险档案

*名 称：*动量

*基本事实：*动量可使你一直保持运动。你不会违反牛顿第一定律（除非有外力阻止你，否则你就会一直沿直线运动下去）。

*可怕的细节：*当你坐着过山车从顶端滑下时，动量使你的胃都快跳出来了。动量使你消化了一半的食物一个劲地往上翻。如果翻得太厉害，你可惨了！

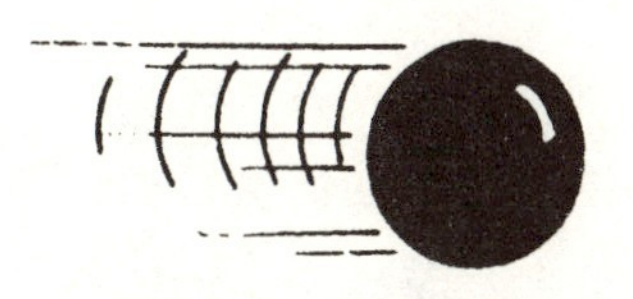

牙齿打战
发抖

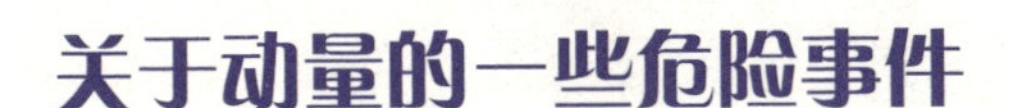

关于动量的一些危险事件

1. 1871年，杂技演员约翰·霍尔特姆想空手接住一个飞来的炮弹。当然那个炮弹并不是从真的大炮里发射出来的。霍尔特姆用一门特制的炮，发射了一个速度很低的炮弹。但即使是这样，他还是差一点掉了一根手指头。这一惊人的表演十分轰动，勇敢的霍尔特姆一直勤奋练习，直到完全掌握了窍门。

2. 19世纪，美国的铁路很少用栅栏或篱笆隔开，所以许多大笨牛经常会跑到铁轨上去。为了解决这个麻烦，19世纪60年代火车头上都安装了一种楔形的“赶牛器”。这一想法就是根据火车的动量可以把牛从火车道上铲出去的道理。

3. 在芬兰，麋鹿曾经造成了一些致命的交通事故。当麋鹿被汽车撞到的时候，汽车的动量一下子就让麋鹿弹起来。灵巧的麋鹿最后落到了车棚上面。而麋鹿的重量却把汽车和司机都压扁了。或许汽车也该装一个“赶鹿器”才好。

“懒惰的”惯性

物理学家们使用惯性这个词，是为了描述事物如何保持原地不动的。静止的物体是很懒惰的，想一直静止下去；而运动的物体会一直运动，直到遇到外力的作用。这就是牛顿第一定律。

你敢去尝试……鸡蛋的惯性吗

你需要的东西是：

1. 一个盘子。
2. 一个生鸡蛋和一个熟鸡蛋。

你要去做的是：

1. 轻轻地把生鸡蛋放在盘子里旋转。
2. 用你的手指触碰鸡蛋，使它停止。
3. 轻轻地抬起你的手指。
4. 现在再用熟鸡蛋重复1～3的步骤。

你发现了什么？

a) 当你抬起手指的时候，熟鸡蛋还会继续转下去。

b) 当你抬起手指的时候，生鸡蛋还会继续转下去。

c) 当你抬起手指的时候，生鸡蛋旋转，而熟鸡蛋会两边摇晃。

答案

b）当你使生鸡蛋停止运动的时候，惯性会使鸡蛋里面的蛋清继续旋转。当你的手指抬起的时候，整个鸡蛋就会再一次旋转起来。而熟鸡蛋里面都已经变得很硬实了，所以一旦停下就不会再转起来了。

重要提示：鸡蛋可以在盘子里旋转，但不能在空气中旋转，那样它会掉到地板上去。如果发生了这样的事，你就不得不吃煎蛋了。现在继续聊些了不起的事情吧……

碰撞实验

汽车设计者花费很多钱制造新车，然后再撞毁它，这听起来似乎有点蠢，但是他们需要测试汽车在碰撞情况下的结构设计和材料，也希望能够找到确保驾驶员和乘客尽可能安全的最佳途径。现在大多数汽车的碰撞过程是通过电脑模拟演示的。工程师盯着屏幕，观察以不同速度模拟的碰撞情况。他们甚至可以调慢速度，以每2毫秒一幅画面的进度进行观察，这可比电视回放的图像慢得多了。

随后，工程师们需要到实际使用条件中去证实他们的研究成果。这时就把一些可怜的仿真人放进车里去，来代替真人模拟碰撞情况下的作用效果。当然了，仿真人是没有脑子的，这也就是叫他们仿真人的原因。但是，这些仿真人确实经历了了不起的一刻。

碰撞实验中的仿真人

生命中的一天

上午11点 碰撞实验中所用到的仿真人被电车运来了，然后被安放进汽车里面。这些仿真人是由妈妈、爸爸和两个孩子组成的。实验车中有好多电线，连通着各种传感器。车子面向它们即将开始旅行的方向——直接冲一面墙开过去！工程师好像忘记了给4个人系紧安全带。

上午11点零2分　工程师们蹲在铁栅栏后面，以防被汽车的撞击力伤到。事实上，他们故意不给那些仿真人系安全带。汽车前方的铁索会使车以很快的速度向前方弹去。砰！汽车撞到了墙上。仿真人撞碎了挡风玻璃，飞了出去。汽车的车头完全撞烂了。

中午12点　仿真人从事故现场被拖了出来。它们被撞得有点扁了，但是它们改天还要再撞一次。真顽强！

下午1点　工程师们停下工作，开始吃三明治。仿真人一点都不饿。

下午2点 到了看电视的时间了！仿真人居然成了电影明星，但是它们可一点都不知道这码事。当仿真人被运走以后，工程师们就坐在屏幕前面，观看那场碰撞的录像画面。

这时，你可以看到牛顿第一定律是如何影响那些仿真人的。那是关于物体一直沿直线运动的定律。当汽车停下来时，仿真人的惯性使它们继续向前运动——直接撞碎了挡风玻璃。因此，墙撞击汽车的作用力转化到了可怜的仿真人身上。这下，你就明白为什么说安全带是大救星了。

下午5点 工程师开始准备第二天的测试。这一回，当汽车受到撞击后，会发生翻滚，仿真人将被绑在车子里面。但是，那仅仅是碰撞实验中仿真人生命中的又一天。仿真人的生命中真是充满了猛烈的碰撞！

安全第一

这次测试的结果是，工程师们设计出了一些精巧的设备，这些设备可以减小乘客们在撞车过程中所受到的冲击力。

科学家的车

可折叠式方向盘　如果安全气囊失效了，方向盘就折叠起来，而不会戳进驾驶员的胸部。

安全气囊　在最现代化的汽车里，如果驾驶员的身体撞向方向盘，气囊会膨胀，以保证人的身体软着陆。

座椅　安全带可以缓冲使身体向前的作用力。

褶皱区　（在一些新车上会发现这个装置）当汽车被撞时，汽车车头的部分地方会褶皱起来，这样能够减缓一部分撞击力。

侧面防撞击装置　（可以在一些新车上发现）用来坚固车门，当别的车子撞过来时，车门就不会被撞碎了。

了不起的声速

撞车时候的冲击力尽管有时候是致命的，但是它还是无法同那些真正的高速事故相比，例如空难，或者以高速从飞机上掉下来。澳大利亚物理学家欧内斯特·麦克（1838—1916）曾经研究过高速的作用效果。麦克发现行进速度很难超过声速——在空气中每小时1220千米（339米/秒）（顺便插一句，声速是指声音在空气中的传播速度）。

这里解释一下为什么超过声速运行是十分困难的。所有的飞机都会推动飞机前面的气流。飞机以声速飞行时，就会高速撞上来不及逃离的空气，于是就引起剧烈的颠簸运动，足以把飞机摇成碎片（更不要说坐在里面的你了）。20世纪40年代，有好几个飞行员在试图突破音障的时候丧了命。但是，1947年，美国飞行员查尔斯·E·耶格尔驾驶着一台配置了火箭动力系统的飞机突破了音障。人们都知道如果以非常非常快的速度飞行的话，是十分危险的。但是，没有人知道对于一个没有任何保护措施的人体来说，以这样大的速度冲进大气中会发生什么。那将是致命的吗？

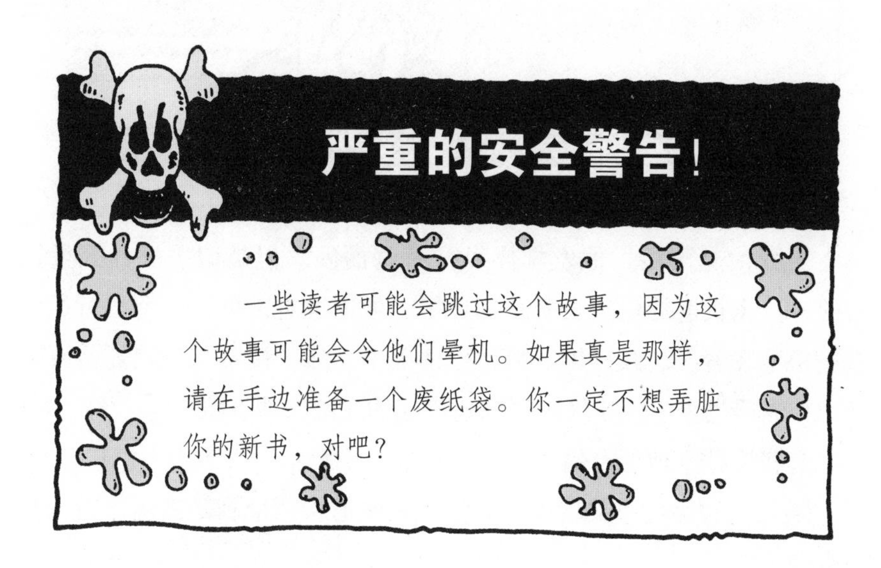

为了生存而飞

1955年2月26日，美国，加利福尼亚

准确的时间是上午9点半，出色的试飞员乔治·弗兰克林·史密斯收起了他洗好的衣服。

他向左转身，走出了洗衣店，这时他也开始进入了生命中最倒霉的一天。

那天，他其实应该过得不错。有多少人自愿在星期六还去工作呢？但是他没什么事情可做，只好去完成一份报告。正当他准备开始工作时，有个人提议他去做一次试飞。那是一架还不怎么出名的新型高速佩刀式喷气飞机。这种新型喷气式飞机的飞行速度可以超过声速。

乔治笑着答应了。他喜欢试开那些马力十足的飞机。他懒洋洋地回答说："好吧！用不了45分钟，我就让它飞起来。"

乔治觉着根本用不着穿防护服。

当乔治起飞后，他发觉操纵杆有些僵硬。但是似乎没什么可担心的——飞行前的检查表明一切正常。他通过对讲机和一个飞行员朋友愉快地聊着天。几分钟之后，他冲破了音障。接着飞机就开始头朝下，控制器失灵了。喷气机正以超声速的速度俯冲、毁灭。

耳机中传来他朋友的声音："乔治，快跳伞！快跳出飞机！"

随着他的速度越来越快，乔治大声叫道："控制器锁住了——我正直线下降！"

他只剩几秒钟的时间，不是逃脱就是死亡。

在大约2100米的下方，蓝色的大海在太阳的照耀下闪闪发光。

乔治猛地扭动扶手，打开喷气机的塑料天棚。一阵狂风灌满了驾驶舱。在这种速度下，空气的强力会阻止他下落。他痛苦地伸出手，他的指头够到弹射座椅的手柄。已经没有时间了。没有时间考虑危险了。以前从超声速飞机上跳伞的飞行员都死掉了。

乔治变了形的手指抓住手柄。喀！一股强力把他从驾驶舱里弹了出去。他仿佛一下子撞到了空气墙上。他觉得天旋地转。短短几秒钟，他的鞋子、袜子、手表，还有头盔都被撕烂、吹飞了。他的血液沸腾，心里害怕极了。

他下落的身体感觉就像一片羽毛。他迷糊地意识到，对于一个没有重量的下落的物体来说，地球引力会产生作用。降落伞打开的时候发出一声爆响，并伴随着一阵急剧的拉扯。降落伞的伞棚使气流聚拢，并且减缓了气流的速度。接下来，乔治感到自己滑进了黑暗之中。当他的身体掉进大海里时，他已经感觉不到疼痛了，跟着就开始下沉。

“嘿！帮我一把！”渔民大声地对他的朋友说道。他正将一个沉重的身体从水里拖上来。

另一个人疑惑地说：“没用了，我看这个飞行员已经死了。”

但是乔治·史密斯还活着。真的……

空军用了一个月的时间才将乔治的飞机残骸从海底1.6千米的地方全部打捞上来。那些残骸装了50桶，一直没人知道造成这次事故的原因究竟是什么。

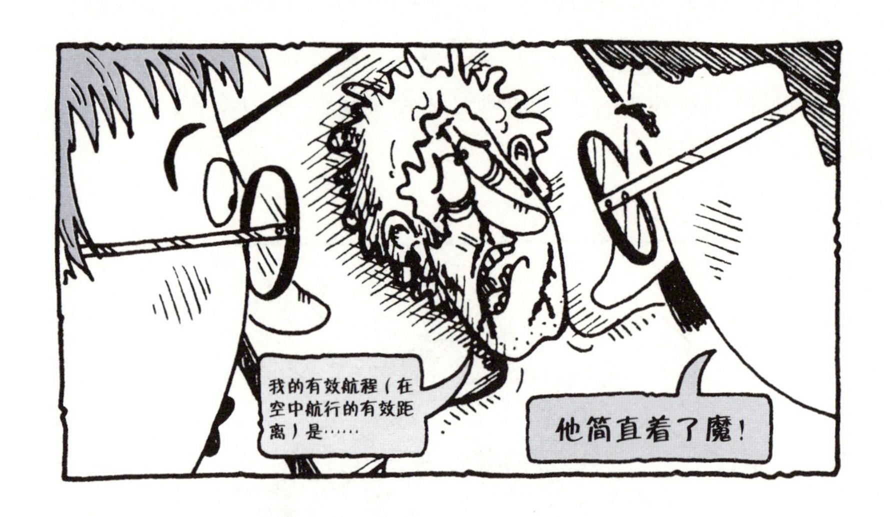

现在，科学家们有机会研究这些致命的力的作用效果了……就研究可怜的乔治那半条命好了。

下面是科学家们的研究发现：

发现1　当乔治从飞机里弹射出去的时候，他的速度加剧了重力的作用。我们所说的“重量”是指影响我们身体的地球引力的大小。因此，飞行员身体的每一个部分的重量都是原来的40倍。你自己也可以感受得到这种变化。当你坐过山车时，会产生一种不可思议的感觉。只不过乔治的速度更快些，所以这种力的作用差点要了他的命。

发现2　连乔治的血液都会在那段时间内变得更加黏稠。黏稠的血液从他那变重的血液器官里喷出来。这会造成他身体上出现大面积的淤血。他的脑袋膨胀得就像一个紫色的足球。

发现3　当乔治以那么快的速度下落时，他的眼睑因为强劲的风力而出血。

乔治在医院里总共待了7个月，最终完全恢复了健康，并且重新开始飞行了。他可以算是世界上最幸运的飞行员了。当然了，对于每一个飞行员来说，最可怕的噩梦就是从空中掉下来。

因为在重力的作用下，从高空掉下来是要命的。所以，如果还想活着看到下一章的内容，你最好系紧安全带，并且千万不要忘了你的降落伞！

可怕的重力

“上升的东西一定会掉下来。”只要你不是在外层空间，这句老话就没错。物体在外层空间始终是四处飘荡的，不会“掉下来”，这是因为在太空里没有重力，所以不会把你吸到地球上来。想知道没有地球引力的情况究竟是什么样吗？快来看看那些可怕的细节吧！

力的惊险档案

名称： 重力

基本事实： 你会在任意两个物体之间发现引力。质量大的物体一般会吸引质量小的物体。这种作用的效果通常很微小，除非那个大体积的物体确实是非常巨大，否则你根本发现不了这种引力。科学家们认为物体表现出引力，是因为它们产生了一种微小的、人们看不到的微粒，叫作引力子，这些微粒可以传递引力。

可怕的细节： 人们曾经利用重力来执行一些可怕的处决行为（见第52页）。事实上，不管你什么时候往下落，重力都会把你吸引到地面上，让你重重地摔上一跤。

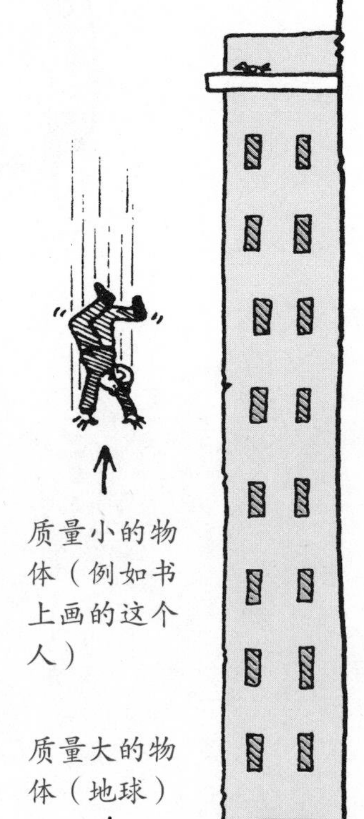

极限速度

你害怕了吗？假如你坐在飞机上，飞机的飞行高度是6100米，然后你从飞机上跳下来。记住，你要一直等到差不多落了一半的距离，才可以打开降落伞。这听起来简直有点疯狂吧？其实一点都不，这是一项十分流行的运动，叫作自由跳伞。假如你没有恐高症，并且爱冒险的话，你一定会喜爱上这项运动的。但是如果你既恐高，又害怕冒险，那你最好在读下一段之前就戴上眼罩吧。

自由跳伞员速成课

1. 从飞机上往下跳的时候，请不要看地面。

2. 仔细检查，确认降落伞已经很牢靠地背在背上了（记住，这是应该要做的第一件事情）。

3. 开始翻跟头了。翻跟头当然不是你必须要去做的事情，但是，你确确实实会在空中翻跟头。你会发现你的平衡感根本无法帮助你保持直立。这个时候，你可能会有一点点难受，不过，千万不要害怕！

4. 在15秒钟之内，你会越落越快。几乎每秒钟你都会比上一秒的速度加快9.8米，直到你的速度达到每秒钟下落50米（每小时180～270千米）。这可是你下落的最大速度了，叫作极限速度。天哪！除了空气，你的身体下面空空荡荡，那是多么可怕的感觉呀，可有的人却觉得非常过瘾呢！

5. 好消息。由于空气的阻力作用，你下落的速度不会再快了。

6. 这里有一个机会可以锻炼一下你的自由跳伞的技术。下落的时候试着脸朝下，张开双臂和双腿，敞开怀抱。你会发现你的身体向前弯曲，而你的胳膊和腿却向后弯曲。

这样就增大了阻力的作用面积，所以你就不会下落得太快了。鼯鼠和飞天猫在半空中就是这么做的。

7. 一分钟后。好玩吗？太有趣了！你将会在25秒之内掉到地上。现在最好拉一下降落伞的开伞绳，否则你真的要砸到地上去了。那样恐怕会把地面砸出个深坑的！

8. 当你着陆时，记住要保持下蹲的姿势。因为当你落地的时候，屈膝会减少一些冲击力。玩儿得开心吗？太棒了——以后你就可以自己玩自由跳伞了。

你肯定不知道！

如果你碰巧没有降落伞的话，那么事情可能会变得有一点点麻烦。1944年，飞行员尼古拉斯·艾卡梅德在高空5500米处，陷入了极端的危险之中。他的飞机着火了，降落伞烧成了灰烬。没办法，他只有选择跳机，但是不抱一点生还的希望。然而，艾卡梅德真是非常走运。他先是掉到了一棵大树上，接着落进厚厚的雪堆中。结果，他下落的冲力大部分都被缓解了！幸存的艾卡梅德向人们讲述他的惊险故事，他甚至连一根骨头都没有伤到！

让人毛骨悚然的重力

过去，人们利用重力让行刑更为有效。在绞刑中，死刑犯会掉进一个活动的地板门中，作用在绳子上的重力会勒断罪犯的脖子。如果罪犯掉得太深，重力甚至可能会把他的头都勒得掉下来。天哪，那简直太可怕了！

另外一种可怕的行刑方式就是断头台。它的特点是将重达30千克的重物系到一柄锋利的刀刃上。当刀下落时，重力就使刀变得充满力量。18世纪90年代，断头台的工作模型是一种流行的儿童玩具。这些孩子的父母肯定为此伤透了脑筋。

在17世纪的英国，那些拒绝认罪或说自己没罪的人会被重物压死。这当然又是重力干的好事。你可能会有兴趣知道，一只小虫子经得起比它自身重量大50万倍的力。不幸的是，对于那些罪犯来说，人类更容易被压碎。

现在说点轻松的吧。设想你躺在一张钉子床上，那你可能会被扎得浑身是孔，像针插一样。重力一定会把那些钉子钉进你的身体里去

吗？那可不一定。你可以在一个钉子上施加450克重的压力，而不会受到任何伤害。（千万不要在家里证明这一点——因为钉子上通常都会布满令人恶心的细菌。）所以400个钉子可以支撑一个180千克的男人，让他在上面睡个舒服的好觉。这一定出乎你的预料吧！

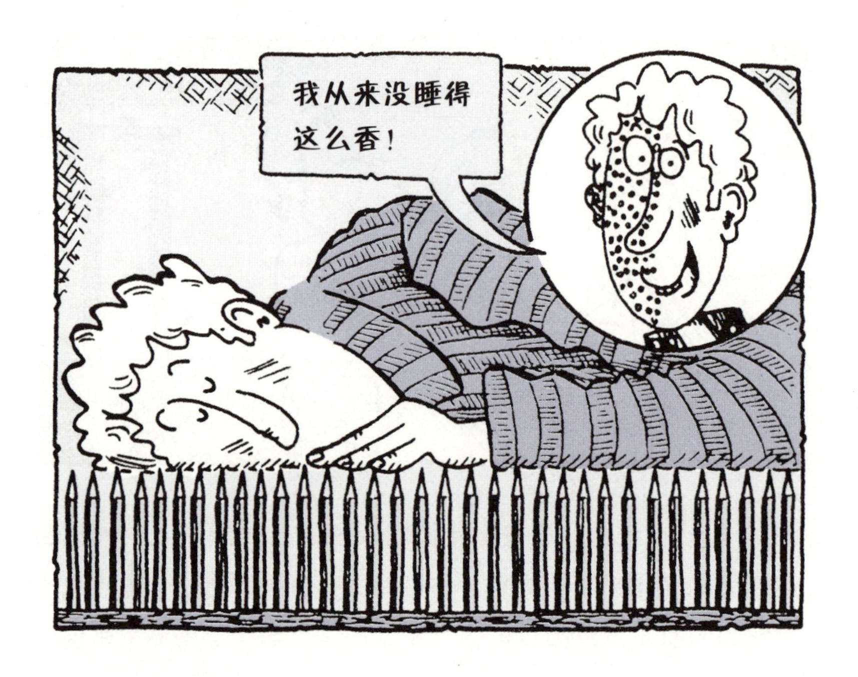

可怕的表述

答案

不能。他已经出现超重问题。科学家们用“质量”来代替“重量”，是因为重量仅仅是表明重力将你引向地球的强度大小。上页图里那个超重的科学家重145千克。他不应该再吃巧克力和布丁了，或者干脆搬到月球上去住。月球上的引力要比地球的引力弱得多，所以人们在月球上的体重只有地球上的1/6。

给老师出难题

你的老师一定会被这个狡猾的问题搞蒙的。微笑着对他说：

答案

是的。你可以站在一架电梯里，并准备一台秤来验证这一点。假设某一天电梯的缆绳突然断了，这时你要飞快地蹦到那台秤上。几秒钟之内你就会掉到地面，这段时间内你是完全没有重量的。重量只是测量（衡量）地球引力的。但当你下落时，你不再与地球引力相抵制，所以你完全是处于失重的状态。原理很复杂吧？去埋怨伽利略好了，因为是他第一个发现了力是如何发生作用的。

科学家画廊

伽利略（1564—1642）国籍：意大利

年轻的伽利略很喜欢学习数学（好奇怪的男孩），但是他的爸爸非叫他学习医学。因为医生比数学家赚的钱多，但是机灵的伽利略偷偷地学习数学，直到后来他的爸爸决定不再管他了。伽利略25岁时，就成了比萨大学的数学教授。那时他对重力十分着迷，并做了一系列精彩的实验来测量这种力。以下是伽利略笔记本上的实验记录：

伽利略实验笔记

当我说轻的物体和重的物体会以相同的速度下落时，人们都嘲笑我。他们认为重的物体当然会落得更快些，因为他们更重。哦！我要演示给他们看……

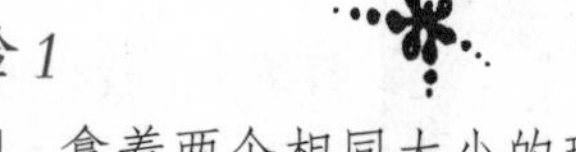

实验1

1. 拿着两个相同大小的球，爬上比萨斜塔。一个球是木头的，另一个球是金属的。确保金属球更重些。

2. 爬到斜塔最顶端。当心，那里很陡峭，并且没有扶手。

3. 把两个球从塔上抛下去。你可不要把自己也同时抛下去了。

4. 噢！差点忘了，先要确定下面没有人。

5. 记录球着地的情况。如果我是正确的，那么，这两个球将会同时着地。

人们还是不相信我。呜……看来我要给他们点厉害看看……

实验2

就用那个在实验1中被砸死的小猫的外皮吧

1. 在一个木板上开一个槽。刮掉动物外皮上的肥油，做成磨光的皮纸，然后铺在木板上。

2. 将木槽搭在斜坡上，让一个铜球从上面滚落下来（如果你没有铜球，别的金属球也行）。

3. 准确计量球从顶端滚到底端的时间。哦，我实在是太蠢了，我忘了那时候还没有发明精确的表呢。那就只好利用脉搏的跳动来测定球的速度了。你可千万不要太兴奋呀，否则你的脉搏跳动会加速。为了确保结果准确，最好重复实验几次。

4. 我相信重力使物体具有相同的加速度。如果我是正确的，不同重量的球就会再次以相同的速度落下。

提示：

1. 两次实验都证明，伽利略是对的。

2. 需要指出的是，那些讨厌的老历史学家们认为没有证据说明伽利略曾经做过第一个实验。啊！为什么要把一个好端端的故事弄糟呢？

伽利略的天赋

毫无疑问，伽利略是一个天才。他发明了温度计、挂钟，以及让人震惊的流体秤，你可以用这种流体秤推断出金属的纯度。他甚至发现炮弹是沿着抛物线的轨迹运动的。炮弹运动时向前保持一种匀速度，而在重力的作用下，同时又加速向下运动。这一重大的发现使枪手们能够更准确地开火杀死更多的人。

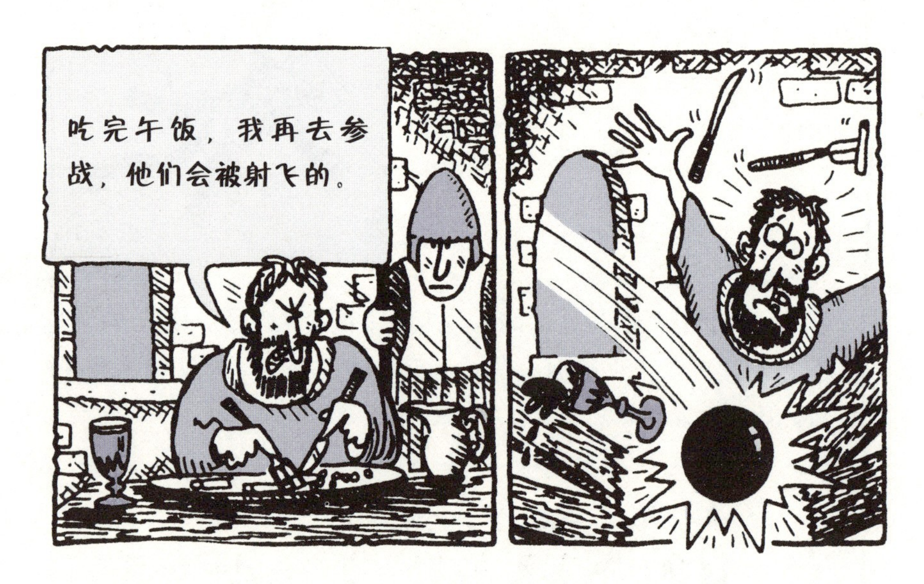

你和伽利略想的一样吗？现在你有机会检验一下了。

快速测验

1. 假如你就是伽利略。你通过新发明的望远镜发现星体是绕着太阳运行的（正如牛顿后来所证明的，引力使这些星体不会在太空中步入歧途）。但是，这里有一个小问题，教会中的大人物声称星体是绕着地球运行的。这些大人物在整个意大利都是非常有权威的，所以不想让一个聪明的科学家来证明他们是错误的。你意识到最明智的做法，就是获得这些大人物的支持。那么，你将怎么办呢？

a）展开一场有根据的辩论。

b）让那些大人物通过你的望远镜观察。

c）向他们大吼大叫，直到他们承认你是正确的为止。

2. 你以为和你谈话的那些人会非常友好吗？才不会呢。你的敌人会诬陷你反教会。这时你会怎么做？

a）藏匿起来。

b）写一本书，讽刺你的敌人。

c）公开发表你的实验报告。

3. 1632年，好运从天而降。你的一个老朋友当上了罗马教皇。你去拜访他并与他聊天。他允许你写书，只要不坚持你的观点就行。那书中都有什么内容呢？

a）坚持你的观点，嘲笑你的敌人。

b）对于不同的观点持折中的态度，在书中不得出任何结论。

c）书中采取一种聪明的写作手法，表面上看好像支持传统的观点，但实际上是令传统的观点出丑。

4. 你的书卖得很火，可却惹火了罗马教皇。你被指控为异教徒，在讨厌的罗马教廷宗教裁判所面前被判有罪。你的敌人伪造了一封信，声称教会已经禁止你传播你的观点。如果你被确认有罪，就会被绑在一个火刑柱上，活活烧死。那你该怎么办？

a）骄傲地坚持自己是正确的。

b）平静地提醒教皇别忘了你是他的朋友。

c）开玩笑说希望你的火刑柱已经准备好了。

5. 为了吓唬你，宗教裁判所向你展示了可怕的拷问室，那是用来逼供的。你看到了拷问台、拇指夹和烧红的铁钳。这时你会怎么说呢？

a）好吧，招供书在哪儿？——我全招……哦，亲爱的，我还是不能签名，这份招供书还不够奴颜卑膝嘛。

b）事实就是事实。我鄙视你们这些可笑的刑具，我会笑着面对死亡的威胁。

c）能给我20年的时间，让我好好考虑一下吗？

答案

1. b）伽利略和教会的天文学家们谈话。他们一起从望远镜中观察，并且发现伽利略是对的。但是，教会的天文学家们拒绝承认这一点。

2. b） 这是很愚蠢的做法。因为伽利略已经被命令不能够再谈论他的观点了。

3. c）伽利略的书是关于3个人之间的谈话内容。支持伽利略观点的人非常聪明，而那个支持教会观点的人被称为“单纯者”。你能够猜出为什么这么说吗？

4. a）当然了，伽利略是正确的。但是教会直到1979年才承认这一事实。如果伽利略那时候没有死掉的话，他一定高兴极了。幸运的是，就是在伽利略那个世纪，其他国家的科学家们，如艾萨克·牛顿，就读过伽利略的书。科学家们以伽利略的发现作为起点，又发现了更多的关于引力的知识，以及星体是如何运行的。

5. a）是的，伽利略并没有说这个，但是他向宗教裁判所承认他是错的。请不要责怪他。伽利略在被拘禁家中的情况下度过了后半生。他继续研究力学，但却再没有碰过望远镜，那太危险了。现在，有些事情甚至更危险……

动态平衡

每个物体都有一个重心。设想一个走钢丝的人。她的平衡中心就是她体内的某一点，重力在那一点上的作用力最强。如果这个关键点获

得了下面的支撑，并且表演者的重量能均匀地分布，那么她就能够保持平衡。如果表演者的重心不稳，那么就要带来一场极大的混乱了。到目前为止，有一些平衡动作似乎是无法完成的。

动态平衡小测验

看看你是否能猜出在这些令人无法置信的平衡动作中，哪些是真的，哪些是假的。

1. 1553年，一个荷兰的杂技演员一只脚站在伦敦圣保罗大教堂的风向标上表演平衡。他手里挥舞着一条4.6米的条幅，并且没有掉下来。

真/假

2. 1859年，法国走钢丝表演者让·布朗德（1824—1897）从距离地面50米高的奔腾的尼亚加拉瀑布上横穿过去，并且他还戴着眼罩。

真/假

3. 1773年，荷兰杂技演员利奥波德·范·特朗普一面在高30米的钢丝上保持平衡，一面表演耍弄10个西红柿。假如他掉下来的话，他可能会因此而发明了番茄酱。

真/假

4. 1842年，一位库克小姐成为轰动整个伦敦的杂技表演者。她坐在一个桌子旁，喝着一杯酒。很无聊？才不是呢。桌子、椅子，还有她，都是在一根高高的电线上。

真/假

5. 1995年，贝劳斯一个叫亚历山大·本迪克的人用880枚硬币叠成一个金字塔。硬币金字塔是倒置的，所有硬币都搭在另一个硬币的边缘，保持着平衡。幸运的是，那时没有人需要零钱坐公共汽车，否则他的硬币一定被抢光了。 真/假

6. 1996年，美国人布赖恩·伯格用扑克牌建了一座100层高的房子——足足有5.85米高。 真/假

7. 1990年，巴西的利安德·海瑞克·巴西特用自行车的一个轮子骑了100分钟。 真/假

答案

1. 真。有些人为了引起注意可能会去做任何事。

2. 真。布朗德还曾经踩着高跷在钢丝上走呢。但那时完全是为了炫耀。

3. 假。

4. 真。

5. 真。

6. 真。布赖恩·伯格建造的扑克牌房子创造了丹麦哥本哈根的纪录。难道这家伙找不到更有趣的事情做了？

7. 假。事实上，利安德·海瑞克·巴西特用一个轮子骑了640分钟。简直令人难以置信！

是呀，只要是精确地保持重力平衡，人们就能够完成那些令人惊叹的、向死亡挑战、向重力挑战的平衡动作。然而，保持平衡时，高空钢丝绳会让你觉得有压力。巧得很，下一章就是关于压力的故事了。那是一种可以让你崩溃的力。哎哟！好可怕呀！

压力之下

空气和水是地球上再常见不过的东西了，它们又是非常重要的化学物质——事实上，我们离了它们根本就无法生存。然而，如果空气和水是处于压力的状态下，人类也很难存活，它们在那种状态下很可能是致命的。

力的惊险档案

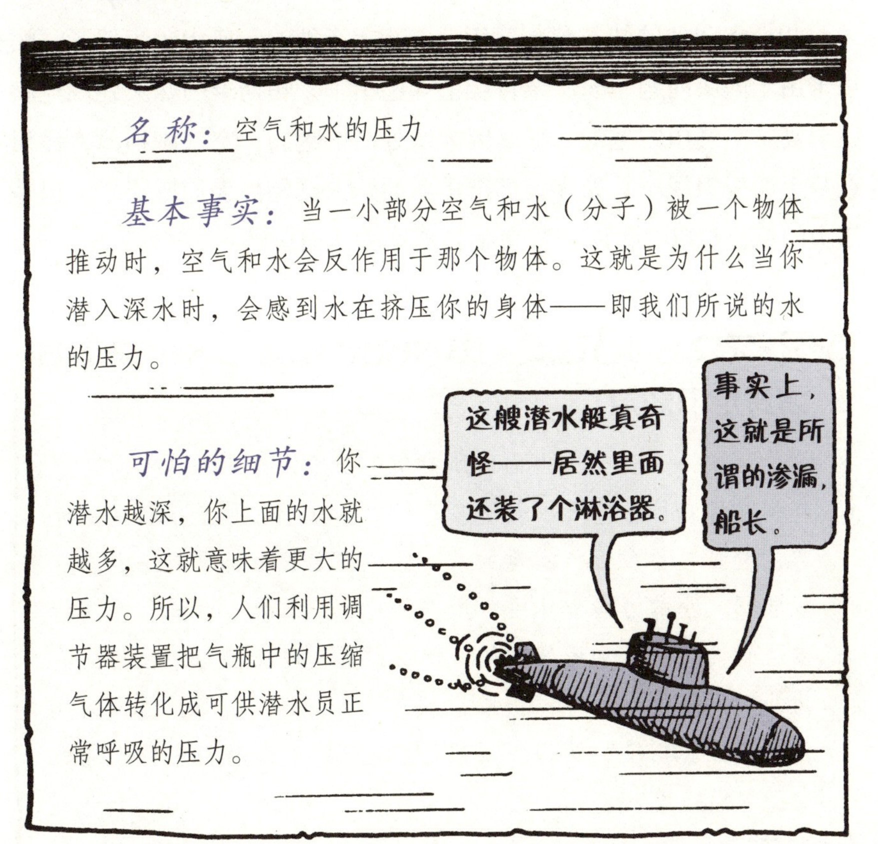

名 称： 空气和水的压力

基本事实： 当一小部分空气和水（分子）被一个物体推动时，空气和水会反作用于那个物体。这就是为什么当你潜入深水时，会感到水在挤压你的身体——即我们所说的水的压力。

可怕的细节： 你潜水越深，你上面的水就越多，这就意味着更大的压力。所以，人们利用调节器装置把气瓶中的压缩气体转化成可供潜水员正常呼吸的压力。

最早研究空气压力的人中，有一个是法国的物理学家布莱斯·帕斯卡。

科学家画廊

布莱斯·帕斯卡（1623—1662） 国籍：法国

布莱斯·帕斯卡没有什么幽默感，当然这一点都不奇怪，因为他一辈子都患有严重的消化不良，所以他根本没什么精力开玩笑。但是疾病并没有阻止聪明的帕斯卡做出一些惊人的发现。19岁那年，帕斯卡制造了一台机器，用来帮助他收税的父亲把收税所得的钱数累加起来。1646年，他发明了一种装置——大气压升高时，会推动水银柱向上运动。（其实，气压计是意大利人托里托利于1643年发明的。）

帕斯卡叫他的妹夫拿着气压计，爬上当地的一座山（当然了，帕斯卡由于健康问题，无法亲自爬上那座山）。帕斯卡的妹夫发现他爬得越高，空气压力越低。那是因为所处高度越高，空气越稀薄，作用在身上的压力越小。如今，那个勇敢的妹夫已经被人们所淡忘，但是压力的单位却以“帕斯卡”来命名了（1帕斯卡=1牛顿/平方米）。

你肯定不知道！

设想一下位于你上面的所有空气都压在你的脑袋上。这些作用在你身体上的气压差不多有10万帕斯卡。那几乎和两头大象的重量差不多呀。幸运的是，你体内的气体也具有压力。它以相同大小的力向外作用，所以你几乎没有什么感觉。在高纬度飞行的飞机有加压驾驶舱，使里面的气压保持与地面相同的大小。如果没有这种保护措施，飞行员在低气压下，体内的气泡会变大。内脏和肺部会痛苦地肿起来，补牙材料中的气泡就会使他们的牙齿爆裂。

你敢去发现……气压是如何帮助你喝水的吗

你需要的东西是：

1. 你自己。

2. 一瓶你最喜欢喝的饮料（这些都是为了科研的目的）——只要保证瓶子有一个狭窄的瓶颈。

你要去做的是：

1. 开始喝吧。坐直了，倾斜瓶子，使瓶子和你的嘴高度一样，你就可以很容易喝到饮料了。

2. 现在把瓶子口裹在你的嘴里，用嘴唇包住瓶颈。试着喝吧！

你会发现什么呢？

a）和原来一样容易喝到饮料。

b）你根本喝不到饮料了。

c）你完全没办法控制，饮料都倒进你的嘴里。

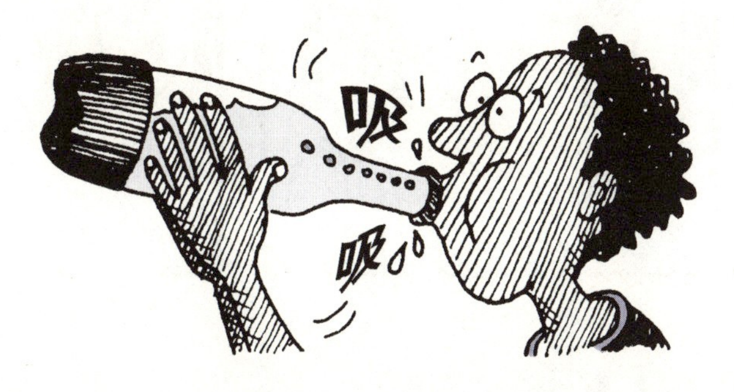

答案

b）喝饮料之前，你要吸气，这就降低了你嘴里的气压。瓶子里更高的气体压力使饮料流进你的嘴里。如果堵住了瓶子口，你就使瓶中的气体压力和你嘴中的压力一样大了，所以饮料就无法流动。记住，不要吮吸得太用力，否则你可能会吞下整个瓶子。但是如果瓶子里还有一段真空的话，那就更惨了。想想为什么……

你肯定不知道！

真空就是什么都没有的空间，那里没有气压或水压。外层空间就是真空地带，如果宇航员不穿太空服进入太空，他们体内的气体就会爆炸，他们的眼珠就会从眼窝里扑通一下蹦出来。天哪！

和老师开个玩笑

压力之下

1. 世界上第一台人造真空器是由德国马德堡市的市长奥特·范·格瑞克（1602—1686）制造的。奥特在闲暇的时候，十分喜欢做科学实验。但是1631年马德堡在战争中被摧毁了，有7万人遭到杀害。幸好奥特逃脱了，还可以继续他的研究。

2. 1647年，奥特尝试着抽空一个啤酒桶中的空气，但结果有更多的气体涌进，并且发出一种奇怪的口哨似的声响。

3. 于是他将啤酒桶放进一个水桶中。水被吸进啤酒桶里，并伴随着另一种奇怪的压抑的声响。

4. 接下来，他做了一个中空的铜球。但当他抽空里面的气体时，铜球被一种看不见的力压碎了。

5. 1654年，奥特用两个更坚固的巨大铜制半球拼成了一个中空的球，并且将里面的空气抽出来。他终于制成了一个真空装置。外界的空气压力把两个铜半球紧紧地挤压在一起。正是这种压力压碎了早先的那个铜球。

6. 50个男人也无法将两个铜半球分开。

7. 两队马也没办到。

8. 但是当奥特重新把气体放进中空的球心后，两个半球就被分开了。

有关压力的事例

1. 19世纪90年代，年轻的杂技表演者埃米利用真空的力量倒立行走。她的鞋上装有排气罩，当她走动的时候，空气被排到气罩外面。这时气罩外面的大气压力就会使她的脚粘在一块悬挂在天花板上的木板上。这个表演非常令人难忘！

2. 装在瓶子里的香槟酒也处于压力之下。因为所有的气泡都被压进酒里面去了。当香槟酒被摇晃或者加热后，软木塞会以每秒钟12.3米的速度崩开——几乎和用炸药炸开一块石头那样迅速。这肯定会给晚会带来“嘣”的一声脆响。

3. 加压的液体或气体常用在水压机械中，如：那些可以举升起重机臂的大力活塞。19世纪的真空吸尘器是一种较早的水力机械。水从一个通道喷出，水的落差压力把空气吸入，脏东西也跟着被吸进去。但是如果水跑错了道，你的房间可就要被淹了。

4. 1868年，美国发明者乔治·威斯汀豪斯做了一种空气闸。这种机器利用气垫作用可以使一列火车停止运行。而铁路业大亨科尼利厄斯·范德比尔特却把这种机器称为“愚蠢的小饰物”。他不相信气体可以使火车停住。然而今天，空气闸已经广泛应用到公共汽车和载重汽车上了。

气压能做许多令人惊讶的事，但气压真的能够拖动一列火车吗？这需要天才通过联想来体会它的可能性。他就是那个戴着黑色高帽的冷酷的工作狂。

科学家画廊

伊桑巴德·金德姆·布鲁内尔（1806—1859） 国籍：英国

伊桑巴德·金德姆·布鲁内尔把他的一生都献给了工程学。为了使人们的生活变得更方便，他利用自然界的力的作用，改进了一些特殊的工程项目。例如，他修建了铁路，制造了大型船舶，开通了大规模的河渠。他对工作太投入了，对其他的事情却关注得很少。甚至把有残疾的儿子送到一所每天都会体罚学生的学校里去。当孩子抱怨时，专横的布鲁内尔却大吼着说：

布鲁内尔喜爱尝试那些看起来几乎不可能的事情。他有时候会成功，但也常会犯一些致命的错误。以下这个故事就是其中的一个——由空气压力驱动的铁路。

白日梦

英国，德文郡，1848年

伊桑巴德·金德姆·布鲁内尔叼着一根大雪茄，沿着铁路气急败坏地走着。像往常一样，他的脑子里不断闪现着各种想法。当然那些都是一些稀奇古怪的念头、计划和白日梦。这些念头对布鲁内尔来说，好像很容易就能实现。

4年前，布鲁内尔和另外一些高级工程师们参观了爱尔兰据说是世界最先进的“气轨车”。那是一种以气体作为动力的快速而无噪音的铁路客车。

想法似乎很简单……

如何建造自己的气体列车呢？

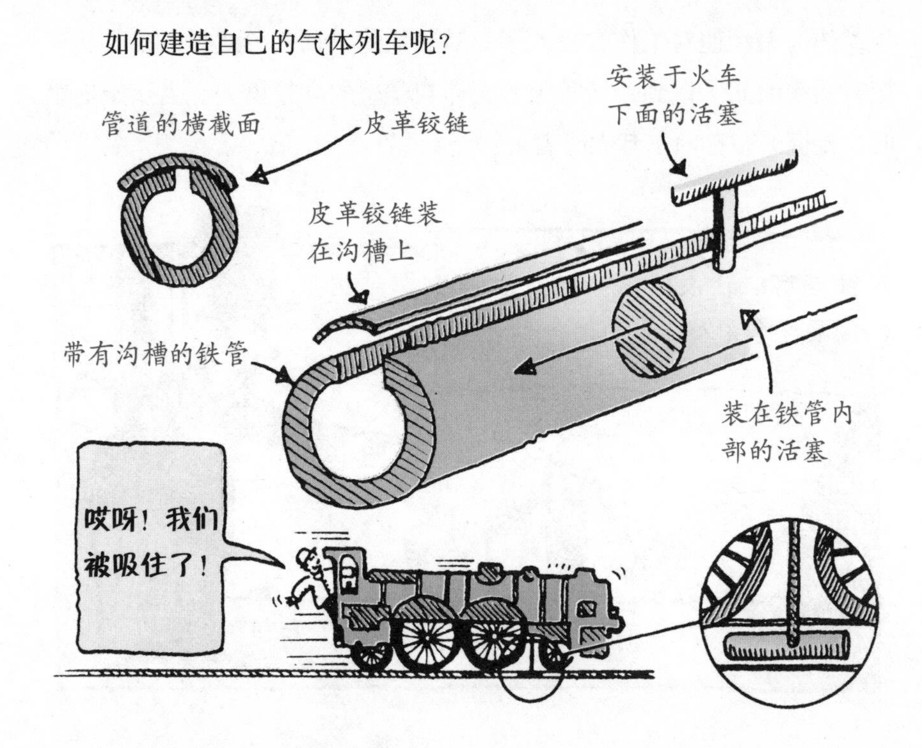

气体列车是这样工作的：

1. 强力蒸汽机抽出管道里的气体。

2. 一个活塞沿着管道滑动。活塞由气体推动，试图重新回到真空地带。

3. 活塞与客车厢连在一起，并为其提供运行动力。

其他的工程师都嘲笑这种奇怪的安静的铁路列车。他们觉着这种列车不太实用。可布鲁内尔却被深深地吸引住了。他建议在德文郡南部的铁路也采用这种气体压力的方法。但是他忘记提醒人们，爱尔兰的铁路经常会出现故障。一些老妇人已经急急忙忙地将存款投资到这项由世界上最伟大的工程师所提出的方案当中去了。可是，事实证明，这个白日梦很快就变成了可怕的噩梦。

现在，年轻的信号工人汤姆正给布鲁内尔展示这一切。

“布鲁内尔先生，这就是皮革铰链。”汤姆以一种敬畏的口吻轻声对这位伟大的人物说道，“这些皮革铰链在寒冷的冬天会变得干燥，并且开裂。而在温暖的阳光下它们又会腐烂。”

“是的，我知道，” 布鲁内尔厌恶地皱着鼻子说，“见鬼，这是什么味儿？”

“那是鱼肝油的味道。他们付给人们工钱，叫大家沿着铁道走，把皮革涂上肥皂和鱼肝油，这样是为了保持皮革的柔软。所以，味道差了点。”

那些人要沿着铁轨一直走，直到他们走到一个用砖砌成的泵棚那里为止。

“这里还有另外一个问题！”汤姆叫道，他紧张地搓着他那苍白而又汗津津的手指，“就是那些管子……”

“管子怎么了？” 布鲁内尔大声地咆哮着，他的声音盖过了机器的嘈杂声。庞大的蒸汽机不停地喷出肮脏的黑烟，就像是一条发了火的巨龙。喘息着的泵将空气从中空的铁管中抽吸出来。伴随着气体一同被吸出来的还有一大堆恶心的东西：油水啦，铁锈啦，还有死老鼠。

天哪！老鼠！水！

“它们怎么跑到管子里面去的？” 布鲁内尔冲着汤姆的耳朵大声叫嚷着。但他其实已经猜到了可怕的事实真相。饥饿的老鼠啃着那些油皮革直到皮革失去了密封性。水就渗进去，并腐蚀了管道。

这个著名的工程师气愤地大踏步走着，那个小信号工只好小跑着跟在后面。突然，布鲁内尔蹲下身去，摸着被老鼠啃过的皮革。汤姆惊恐地看着这一幕，大叫道：“不！”

当汤姆想推开布鲁内尔的手臂时，布鲁内尔已经把手放在皮革的边上了。

“站到一边去，小子！” 布鲁内尔简单地命令道。

“请不要碰它！”汤姆气喘吁吁地说。

“为什么不能碰？”

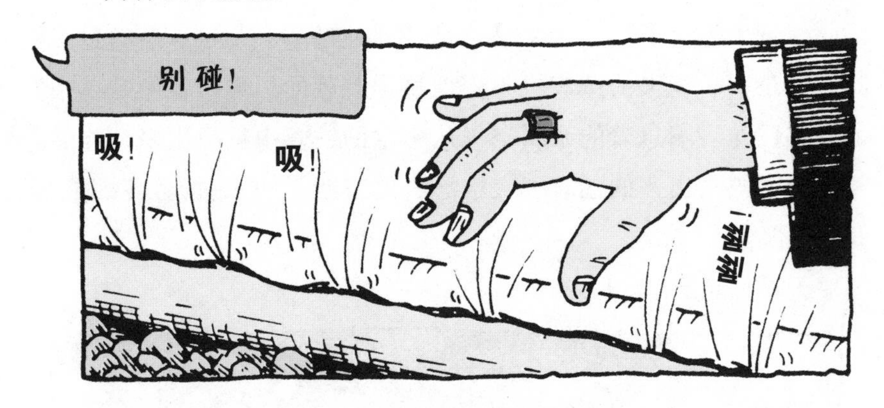

接着，布鲁内尔目睹了一场可怕的险情。

尽管那根管道里并不是百分之百的真空，但是管子里的气压还是足以将布鲁内尔的手指骨拔出来。嘎吱嘎吱的响声、压榨声、扑通声过后，手指头就会全不见了。

布鲁内尔嘟囔着向后退。想不到世界上居然还有伟大的布鲁内尔不敢做的事情。

1848年2月，布鲁内尔告诉公司，问题基本上已经解决了。但7个月后，他建议主管人员撤销整个工程项目。那些可怜的老妇人们失去了全部积蓄。她们都快气疯了。

那么，布鲁内尔是如何补偿她们的呢？

a）他提出会无偿修建一条新铁路。

b）他说他愿意不提出他的工程建议的议案。

c）他为那些老妇人终生提供鱼肝油。

答案

b）布鲁内尔诚恳地表示可以暂时不提出他的议案。不是马上提出来，会使老妇人们感到一些安慰。世间有许多愤怒和摩擦。处在力的世界里，你也会遇到摩擦。但是这种摩擦会损耗机械，并且引起火灾。下一章就该讲摩擦力了。

摩擦力的故事

牛顿说过：一个运动的物体如果没有外力使它停止，它将永远运动下去。有时候，这个外力就是所谓的摩擦力。人们使用“摩擦”这个词，有些情况下是为了形容人们之间发生的矛盾冲突，这种冲突经常会把一切都搞得一团糟。在力的领域里，摩擦力也经常会把你的一整天都弄得乱七八糟。

力的惊险档案

名称：摩擦力

基本事实：两个运动的物体相接触时，就可能产生摩擦力。各个面上的小凸起紧密相连，当物体运动的能量转变成热能和声能时，就生成了热和声音。

可怕的细节：

摩擦力给机器造成很多麻烦，因为它会降低机器的运转速度或者使机器变得过热。但是没有摩擦力同样会带来严重的问题。如果你的自行车闸坏掉了，无法给你的车轮造成足够的摩擦，那么你就停不下来了。救命呀！

告诉你，最早发现摩擦力的那个人拥有过一段非常令人惊异的故事。

科学家画廊

本杰明·汤普森（巴伐利亚的伦福德伯爵）（1753—1814） 国籍：美国

本·汤普森是一个从学校逃走的教师。他出生于美国，除了做过教师之外，他还曾经是一名体操运动员和一名学医的学生。直到战争爆发，美洲殖民地的居民为了摆脱英国的统治，为了他们的独立而战斗。但是本究竟应该选择支持哪一边呢？美国人还是英国人呢？

据说本做出了双重选择。他成了英国人和美国人的双料间谍，就是那种双方代理。但是英国人并不知道本的身份，所以战争结束后，国王乔治三世还给本授予了爵士的勋位。

但是本喜欢战争的那种刺激。他说他不想在英国过那种单调乏味的生活。那么，他干什么去了呢？很简单！他以政府的军事特别顾问的身份跑到巴伐利亚去了，并且在1793年成为了军事大臣。

作为军事大臣，本设计了一个巧妙的计划。那时街上到处都是乞丐，军队缺少制服。本就打算叫那些乞丐去做制服。可是拿什么来供养那些乞丐呢？在做了大量的调查之后，本发现最便宜的食物就是蔬菜汤。于是他便在巴伐利亚过上了单调的生活，而不是在英国—— 哈哈！本特别热心于他的想法，他甚至还出版了一本菜谱。不知道这能不能为学校晚餐增添一道新菜？接着本又想出了一个新主意。

本叫士兵们去种土豆，好给那些为他们做制服的乞丐们做汤。本的计划非常成功，至少没有使他砸了饭碗。聪明的本还有许多有趣的发明：像新烟囱、新炉子，还有可以放在炉子上的咖啡过滤器。

一天，本正在观看大炮的制作过程。炮筒用钻头钻削制成。本能够感到热气从大炮中飘出来。那时候，人们认为热量是一种看不到的流体。但是本发现，如果使用一个很钝的钻头，获得的热量就格外多。于是他就将钻头产生的热量计算出来。太对了，钝钻头的表面上有一些微小的凹凸 —— 这就产生了更多的摩擦力，还有更多的热。

事实还是虚构

正像本杰明·汤普森一样，物理学家们经常从他们所观察到的事物中得出结论。你也是这样吗？这里是每天都会发生的一些事。哪些是由于摩擦造成的呢？

1. 摩擦力帮助你建了一座卡片房子。

2. 摩擦力可以解释为什么你能够将一块上面放满物品的桌布从桌子上抽出来，而不打碎任何东西。

3. 摩擦力使电器变热。

4. 轮胎上的图案会与公路形成摩擦力，这会有助于控制车辆。

5. 人们利用摩擦来取火。

6. 摩擦力帮助滑雪的人往山上滑。

7. 跑步者利用摩擦力才能跑动，而不至于滑倒。

8. 摩擦力可能使人们被雪灼伤。

答案

1. 事实。卡片表面的微小凸起有助于它们黏附在桌面上。这就是摩擦力。它会在卡片处于较大的倾斜角度时发生作用。

2. 虚构。那是因为物品的惯性以及重力的作用才使它们停留在桌子上。如果你拽桌布的速度太快，物品与桌布之间就没有足够的摩擦力，它们就会从桌子上掉下来。但是，你要是在家里练这项技术的话，可能会引发家庭摩擦哟！

3. 事实。当电流在线路里流动时会产生摩擦，于是就使电器变热了。这就是为什么如果你将电视机的散热孔遮盖起来，电视可能会爆炸、燃烧成灰烬的原因。

4. 虚构。光滑的轮胎在干燥的天气中会产生更大的摩擦。轮胎面最好是处于湿润的气候下，轮子会将水分从路面上压挤出来，这样轮胎就能很好地在路上行驶了。

5. 事实。我们的祖先就发现了取火的一种妙法。将两根木棒放在一起摩擦。摩擦的热量会使一些干蘑菇着火。

6. 事实。在传统的滑雪运动中，人们使用的滑雪橇是海豹皮做成的。如今，他们用的是人造的鬃毛。这对海豹是仁慈的。

7. 事实。钉鞋由于那些突起而增大了摩擦力。

8. 事实。如果疯狂的滑雪者们滑得太快，然后又摔倒，就会遭受十分严重的灼伤。因为速度太快，在雪融化之前，摩擦所产生的足够的热量就会灼伤人的皮肤。

添乱的机器

这里是关于摩擦的坏消息。摩擦使机器的速度减慢。是的，对于那些想设计出永动机的物理学家们来说，摩擦是一个真正的障碍。永动机就是那种不需要动力就能永远运转下去的机器。

从1617年到1906年，英国专利局收到了600多个关于永动机设计的方案，但是没有一个是能够实现的。

这里有其中4个方案。你认为哪一个是成功的？

1. 一台永动自行车

这种永动自行车的动力来自你的屁股与自行车座之间的撞击。这种撞击驱动车轮，车轮上使用了一个传动带。因此，你可以一直骑下去，直到你的屁股痛了为止。

2. 一台自动泵

抽水泵是由一个水轮提供动力的。这个水轮由下落的水来提供能量。

3. 一座永动钟

大气压的变化使玻璃球上下移动，这为防倒转的棘齿提供了动力，从而给钟上紧发条。

4. 一台永动风扇

这是在1500年由意大利的一个医生想出来的点子。风扇中的风漏进一个喇叭中，喇叭与一个螺旋桨连着，螺旋桨再去驱动风扇。

答案

方案3中的永动钟是1765年研制出来的。并且这台永动钟现在还滴答地走着呢！但是总有一天它会停下来。这是为什么呢？

急刹车

很不幸的是，永恒运动违背了物理学的一条定律，也就是热力学第二定律。（热力学是物理学的一个分支，是研究关于热与能的科学。你可能会真的喜欢上这门学科。）热力学第二定律认为，机器的能量是以声音、热，当然还有摩擦等形式损耗掉的。

所以当机器的能量损耗完，它就必然会停下来。顺便说一句，热力学第一定律是说你可以将能量从动能转化成热能。这是真的。试着搓动你的双手，摩擦会将你手的运动能量转化成一种十分温暖的感觉。

一个有关“光滑”的科目

有时候，我们需要摩擦。闸、轮胎、橡皮底的鞋、沙纸，还有机器上的传动带，所有这些如果没有摩擦就根本没用了。

但是有时候我们不需要摩擦。我们希望事情能够顺顺溜溜地进行。这就是为什么一些喜欢顺溜的人发明了润滑油。润滑油充填了那些引起摩擦的小凹凸部分，这就使物体表面光滑得可以彼此滑过。

大多数冬季运动项目都需要润滑。雪橇、滑雪板以及冰鞋能够很容易地移动，是因为它们将下面很薄的一层冰融化了，所以它们能够在这种水润滑的情况下一直滑行，而不会遇到太多的摩擦，直到你滑倒了为止。

船下水时也需要润滑剂。这就是为什么中世纪时，要用多脂的动物肥油涂在船底的滑道表面。奴隶们可以找到一份很危险的工作，就是敲掉船下面的支撑物。在最后时刻，奴隶必须赶快跳开。如果他滑倒了的话，船会将他压扁；如果奴隶能够幸存下来，他就会获得自由。

但是如果说润滑剂是有毒的，那么摩擦就更加致命了。4个世纪前，在罗马就真的发生过这样的事。

致命的摩擦

罗马，1586年

这是一座很古老的方尖塔。2000年来，它一直被遗忘在圣彼得大教堂西边的一堆灰尘中。时光飞逝，教皇觉得圣彼得大教堂前面的这座石塔应该看上去更神气一些。但是如何才能把它再竖起来呢？这真是个难题，因为这座方尖塔足足有327吨重。

老罗伯特嘟囔着说："人们说有两个工程师都拒绝了这份差事，

估计这座石塔很难竖起来了。”

“我也明白为什么他们不敢接这份差事。”年轻的马克敬畏地盯着那块大石头。

“好了——我们最好试一试，也挣点钱。”罗伯特边咳嗽边嘟囔。罗伯特和马克像其他几百个水手一样被雇用来抬石头。他们拿起了绳子。

广场被人群包围了。成千上万的人们欢呼着，挥动着手帕，不耐烦地等待着那一重要时刻。这时，一个穿着潇洒的年轻人一跃跳上了讲台。

罗伯特那张阴郁而又布满皱纹的老脸突然振奋起来：“这家伙就是方泰纳——他是一个工程师，声称自己能够将石塔抬起来。我想他是在吹牛！”

“罗马的朋友们！”年轻人说道，“今天我们要将这座伟大的纪念碑竖起来。当喇叭吹响的时候，水手们一定要用力拉绳子。只有在你们听到铃响的时候才能够停下。关键是要听从这些信号的指示。谁也不许说话，否则就要被处死。”年轻人严厉地指着旁边的绞刑架说道。

广场上一片震惊的沉默。

年老的水手在胸前画着十字，低声说：“上帝保佑。”

水手们往他们的手心里吐了点唾沫，湿润的口水可以减小摩擦，防止绳子把他们手上的皮肤撸掉。

喇叭响了。刺耳的响声在广场上回荡着。人们沉默着拉紧了绳子。绳子吱吱作响。轱辘发出长而尖的声音。绞盘机发出嘎吱声。巨石缓缓地，似乎非常痛苦地被慢慢竖起来。

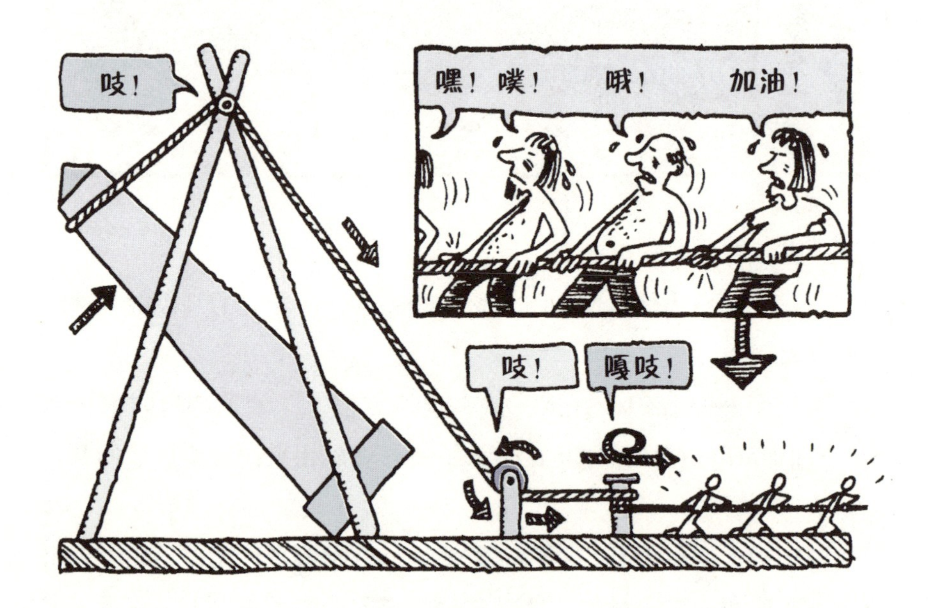

这时候铃声响起。人们赶紧停下来休息一会儿。喇叭又响了。水手们再次绷紧肌肉，直到他们汗流浃背。就在这时，悲剧发生了。

绳子被夹住了，由于绳子与绞盘机之间的摩擦让绳子突然停住了。水手们用力拉绳子，脸上纷纷露出痛苦的神色。可绳子和石塔一点儿都不动。绷紧的绳子咯吱作响，并且磨损得很严重。石塔摇摇欲坠。年轻的马克感觉到了危险。他大声地喊道：“水，快往绳子上喷水！”然后他意识到了自己的问题，并且知道将必死无疑。

“把他抓起来！”方泰纳尖叫道，他的声音里充满了紧张和失望，“把他抓起来，他打破了沉默！”

有力的胳膊抓住了马克。守卫们把这个年轻的水手拖向绞架和刽子手那里。人们被恐惧所钳制，没有一个人敢说话。

“对不起。”马克低声说。

但是已经太晚了。刽子手将粗糙的麻绳套在马克的脖子上。

一个清瘦、年迈的牧师抚摸着马克的手臂说道："你还有什么最后的请求吗？"

"是的，神父。"马克用嘶哑的声音说。他的心狂跳不止，几乎说不清话了。他的喉咙很干，绳子也帮不上忙。"请告诉他们往绳子上倒上水。"

"我的孩子，我不知道那是不是行得通。"

"求您了！"

戴着铁头盔的卫士击响了他们的鼓，这是要开始行刑的信号。

牧师急忙走到方泰纳身边，年轻的工程师不耐烦地点了点头。人们找到一个大水罐，把里面的水都倒到绷紧的绳子上。

"来吧，伙计，让一切都结束吧！"刽子手幸灾乐祸地说，并把马克推上了绞刑架的梯子。

就在那时，喇叭吹响了，绳子又被拉紧了。

"人们为什么欢呼？"马克胡乱地想着。难道他们乐意看到我死吗？

不。绳子移动得非常顺利。石塔被平稳而迅速地拉起来了。多米尼克·方泰纳不好意思地站在梯子的下面，喊道："放了那个小伙子！"

作为一个水手，马克曾经在海上拖过湿绳子。他知道湿绳子的

摩擦小一些，因为绳子上的水可以作为一种润滑剂。人们很高兴地得知这个勇敢的水手得到了宽恕，并获得了自由。由于他保全了那个石塔，他将获得什么样的奖赏呢？

a）一个金水桶。

b）有幸和教皇一起喝茶。

c）得到一艘属于他自己的船。

答案

b）教皇把马克作为贵宾接见了。马克的家乡圣莱蒙还获得了为每年圣彼得棕枝全日（复活节前的星期日）游行活动提供棕榈叶的荣誉。

好了，但愿你在下面这个简单的实验中不会遭遇不幸。

你敢去探明……如何给物体提供滑力吗

你需要的东西是：

你要去做的是：

1. 在第一个碟子里轻弹瓶盖。注意别把瓶盖弹飞了，要让它一直留在碟子里。

2. 小心地在第一个碟子里倒几滴食用油。然后用厨房毛巾在碟子表面抹一抹，直到碟子表面光亮为止。不要使碟子上面还残余油滴。

3. 现在再用同样大小的力轻弹瓶盖。记录你所看到的情形。

4. 将香蕉捣碎。用另一块毛巾蘸一点香蕉糊，在第二个碟子上抹一抹。保证使碟子的表面光滑明亮。不要把香蕉糊渣留在碟子上。

5. （可选做）将剩下的香蕉拌上一点冰激凌和糖再捣碎些。吃了它。告诉你那些迟钝的亲属，这也是实验的一个环节。谁说科学是枯燥乏味的?

6. 现在再用同样大小的力轻弹瓶盖，这回你有什么发现?

a）油和香蕉都可以当作非常好的润滑剂。它们使瓶盖运动得更快了。

b）瓶盖粘在香蕉糊上，沿着油滑动。

c）瓶盖粘在油里，但却滑过香蕉糊。

答案

a）润滑油是从花生、椰子或者死鱼中榨出来的。在一些国家，人们也使用香蕉作为润滑剂，因为香蕉也很滑溜。这就是为什么你踩在香蕉皮上会滑倒的原因！

严重的安全警告！

在以下场所请千万不要检验润滑剂的效果：

1. 学校的走廊——因为它们已经很滑了。

2. 老师的椅子。

3. 楼梯。润滑剂会使你从楼梯上滚下来！

你若做了以上任何一件事，都会把老师惹火的。瞧，我们下一章就要谈到拉力了。

忍耐是有限的

校服领带的长度也是有限的

用两根手指抻住一根橡皮筋。小心地拉抻一端。橡皮筋会把你拉抻它的力量储存起来，然后，当你放手的时候，释放的能量会使橡皮筋飞出去。哦，天呀——老师为什么总爱挡在路中间？不过，你只要告诉他，你正在做一个技术性的科学实验，他就会理解你的！罗伯特·胡克就是最早做张力实验的科学家之一。

科学家画廊

罗伯特·胡克（1635–1703） 国籍：英国

胡克和牛顿吵翻之后（见第18页），一定彻底体会到什么是“紧绷”状态了。不过，这位天才的科学家始终对任何事情都抱有兴趣，比如从研究望远镜到制造一些根本无法飞起来的飞机。令人难以置信的是，胡克还当过建筑师、天文学家、机械师以及模型制作师。就像这样，胡克喜欢全身心地投入工作。

据说胡克在他的遗嘱中写了一段奇怪的密码，被翻译成拉丁文是："ut tension sic vis"。你知道这是什么意思吗？猜不出来吧！再进一步翻译成汉语，意思就是："能伸长，也就有弹力。"

后来，这句不可思议的话竟然成了胡克定律（即弹性定律）的内容。设想在一根弹簧上挂一个重物——弹簧就会伸长。使物体的重量加倍，弹簧就会伸长两倍的距离，如此而已。简单吧，哈哈！

你敢试着去发现1……某种物体伸长后会发生什么事吗

你需要的东西是：

1. 你自己。
2. 一根0.5厘米厚的结实的橡皮筋。

你要去做的是：

突然拉长橡皮筋。

把松紧带靠在你的脸上。

会发生什么事？是什么原因呢？

a）橡皮筋摸上去感觉有点凉凉的，因为橡皮筋的全部能量都被拉伸出去了。

b）橡皮筋有点热乎乎的，因为你拉伸橡皮筋时，给它提供了能量。

c）橡皮筋有点热乎乎的，因为拉伸时，你的汗津津的手指头上产生了摩擦。

答案

b）橡皮筋将拉力所产生的能量暂时储存起来。这种能量试图以热量的形式散失出去，所以橡皮筋感觉有点热乎乎的。

你敢试着去发现2……松紧带的威力吗

这里有一台机器是利用橡皮筋所储存的能量运转的。请大人来帮你做一些切割工作。

你需要的东西是：

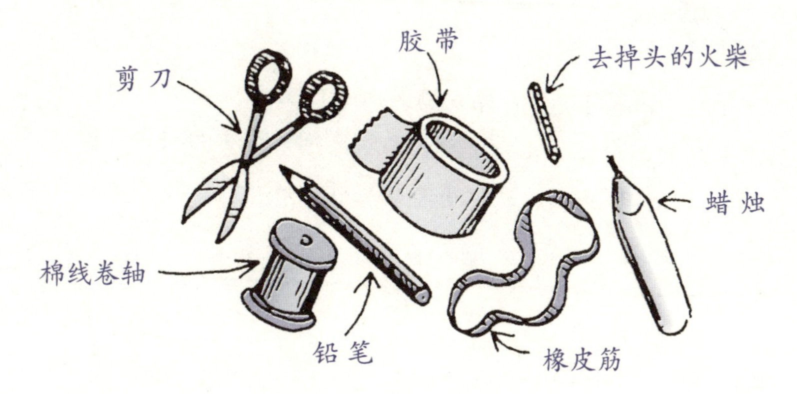

你要去做的是：

1. 从蜡烛的底部切下2.5厘米。

2. 去掉蜡烛芯，把蜡烛中间的那个洞弄大，使橡皮筋可以穿过。

3. 让橡皮筋穿过蜡烛和棉线卷轴。

4. 使火柴穿过棉线卷轴那一端的橡皮筋。用一条胶带将火柴固定住。

5. 使铅笔穿过蜡烛那一端的橡皮筋。

6. 转动铅笔使松紧带拧几个扣儿。当橡皮筋展开的时候，观察你所制作的这辆“车”慢慢地爬行。比较它在粗糙的和光滑的斜坡上是否有不同的表现。

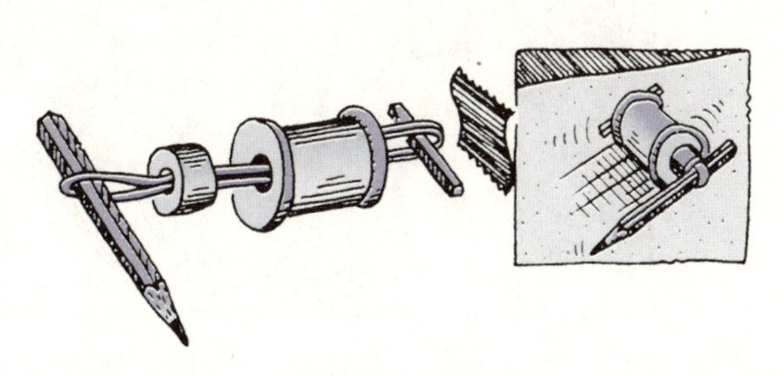

你发现了什么？

a）它在光滑的斜坡上爬得更好。

b）它在粗糙的斜坡上爬得更好。

c）它根本爬不上斜坡。

答案

b）小车是利用你拧橡皮筋时所加的力来运动的。粗糙斜坡与小车之间的摩擦力比光滑斜面与小车间的摩擦力更大，能使你的小车“抓牢”地面，所以小车就爬得更好。

一个有关“弹性”的科目

这里还有更多具有弹性的信息，它们可以抻抻你的脑细胞，让你的大脑也得到锻炼。哈哈！几百年前，你可能会被抓进英国的监狱，接受拉长身体的刑罚——就是在那种两边都带着滚筒的木构架上受刑。那就是拷问台了。人在拷问台上最多能够被抻长15厘米。在遭受这种刑罚以后，人的胳膊和腿会从关节窝里脱臼出来。有些谣传甚至说，在某些学校里也曾经使用过拷问台，当然这有点夸大其词。不——其实，老师们只是想让孩子们绞尽脑汁而已。

* 双黄线是马路中央的黄色平行标志线，是来去两方向车道的分界线，交通规则规定不可越过，否则会受惩罚。

18世纪，人们用橡胶纤维制成衣服和内衣。可糟糕的是，橡胶在热天会融化，而在冷天会裂开。

1839年，科学家们发明了一种化学处理方法，可以防止橡胶热熔冷裂的现象发生。于是自从20世纪30年代开始，叫作松紧带的橡胶线就开始被用于制作紧身胸衣和扎口短裤（紧身胸衣是一种很紧的衣服，一些妇女穿这种衣服是为了使她们那凸出发胖的身体看上去苗条一些。在使用松紧带以前，人们是用鲸的骨头来加固紧身胸衣的）。

严重的安全警告！

永远不要问你的女老师她是否还穿着用鲸的骨头做的紧身胸衣。那可不得了！

如今，人造橡皮筋不仅仅可以用于紧身胸衣——还可以用于蹦极运动的绳子。你想玩蹦极跳吗？

如果你的回答是：“啊——不要！”那你就不要嫉妒格雷戈里·里菲了。1992年，在法国，格雷戈里从一架距地面249.9米高的直升机上跳了下来。他的整个性命都维系在一根线上——当然，那是一根橡皮筋。

这里要插一句，蹦极运动如果是行家来做的话，通常并不危险。但是，当蹦极者下落的时候，血液会猛冲到他的头部，造成他的眼球暂时性充血。另一种需要依靠弹力的运动是射箭。

可恶的大弓箭

1. 很久很久以前，人们发明了弓。当往后拉弓弦的时候，弓就储存了一定的能量，当射箭的时候，能量就转化成了箭的动力。

2. 在5秒钟之后，箭就会射中目标了。噢！

3. 在10世纪，土耳其人研制了一种很好的弓箭。这种弓是由可怕的动物的角和筋腱做成的，并且还用木头加固。弓向外弯曲的弧度使它能获得更大的力量。

4. 与此同时，欧洲人发明了一种弩。这种弩可以把箭射出305米远。

5. 但是弩弦必须慢慢地往后拉。而这个时候，即使是普通的弓箭手也能快速而熟练地使用弓箭，他们会在转瞬之间把对方的弩箭手射成刺猬——除非弩箭手已经逃跑了。

6. 后来，一个威尔士人又发明了一种长弓。这种长弓可以将箭射出320米远，并且可以直接射穿由互相连接的金属片制成的锁子甲。长弓在较短的射程范围内，还可以穿透盔甲。

7. 现代的弓箭直是一种高科技。

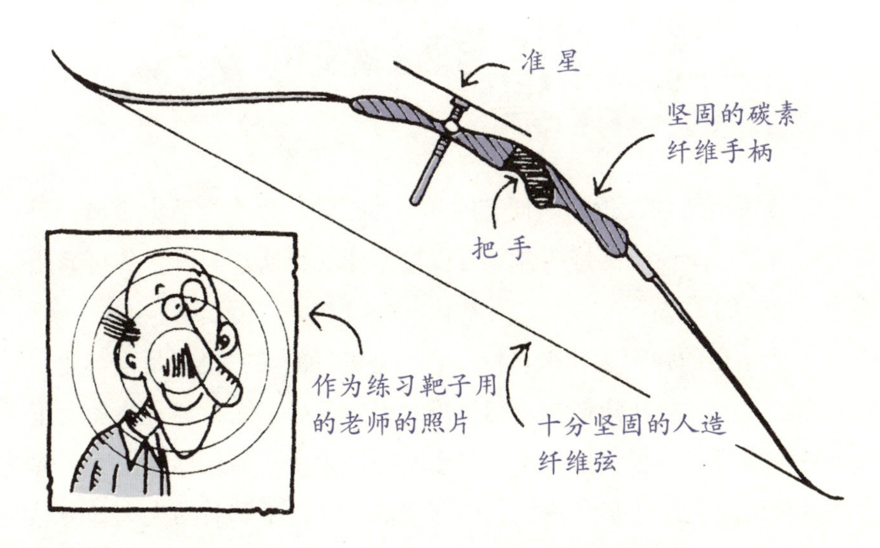

8. 在自由式射箭中，射手躺在地上，用带子将弓捆在脚上，然后用两只手拉箭弦。当然了，不仅仅只有拉伸的物体可以储存力量。弹簧也能储存力，当你按下弹簧后，一松手，弹簧就会自动恢复原状。你可能不知道，在600年前，人们就是使用最早的弹簧来抓耗子的。而且，弹簧也真的会给你带来一些惊奇。下面就是7个例子。

由弹簧所带来的7个惊奇

1. 1919年，第一台烤面包机问世。它里面装有弹性很强的弹簧，可以把烤好的面包弹到空中去。我敢保证，这肯定会令一些人大吃一惊。

2. 弹簧有时候会折断。便宜的弹簧在拉伸10万次之后，金属会因疲劳而断裂。而性能良好的弹簧可以拉伸1000万次。天哪，那可真是够让人惊奇的了。

3. 床垫里的弹簧形状很奇特。它们是锥形的——也就是顶部宽，底部窄。这种形状使弹簧在最初受压时很容易被压缩，但是你加大压力，这种弹簧却不容易被压扁。好比同一个床垫，如果你躺上去，你会感觉很舒服，床垫富有弹性；而那些高大的、平躺着的大人却会感到好像躺在一块石头上一样。

4. 你知道在杂技团里表演被大炮轰出的那个人是怎么回事吗？你可能会惊讶地发现，他们是用弹簧而不是用炸药来提供所需的动力的。“砰”的一声则是通过燃放一个炮仗发出的，为了让人们听上去真的像是大炮开火了。

5. 你知道我们的腿里也有弹簧吗？那就是具有弹性的韧带，它可以把你腿上的关节连在一起。当你走路的时候，你那“S”形的脊椎骨会上下蹿动。脊椎骨和韧带会使你的每一步都具有弹性。

6. 20世纪70年代，两个美国科学家训练一对袋鼠在踏车上跳跃。他们发现袋鼠是利用它们有弹性的肌腱跳跃的。这有点像孩子玩的弹簧高跷。

7. 有弹性的物体对于体育运动也是十分重要的。传统的网球拍非常昂贵，因为它们是用有弹性的羊肠线穿成的——听上去好像有点弯弯绕。谈到有弹性的体育器材，运动鞋也需要有弹性才行。

高级弹力鞋

如果你动了你哥哥的运动鞋，那么，最好在他使用组合拳中的摆拳打你之前赶快跑掉。下一章就要说到摆动和旋转了，最好站远点！

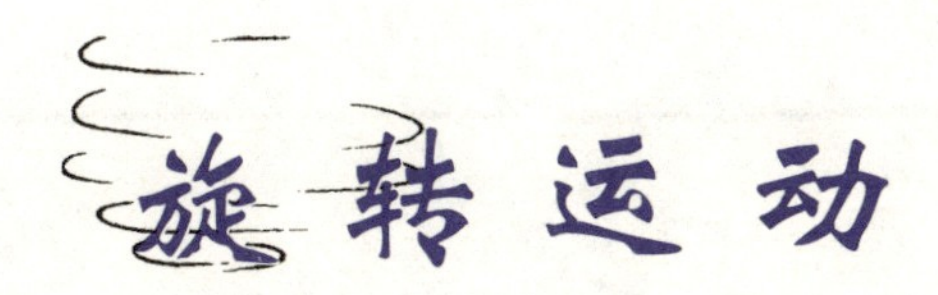

旋转运动

你想过为什么汽车的轮子不是方形的吗？没想过吗？哈哈，我也是。是呀，圆形的轮子才跑得快嘛！（何必大惊小怪呢？）作用在轮子外部的力，会给车轴带来更大的力。这对于像水车和汽车这样带轮子的机器是很理想的设计了。其实有很多人是要靠轮椅才能走动的（这种俏皮话真有点伤感）……

可怕的表述

这怪谁呢？

答案

谁也不怪，他的硬币滚丢了。他正在描述硬币及其他可以旋转的物体是怎样具有转动特性，并且能够一直持续转动下去，直到有另外的力挡住这些物体。这就是为什么轮子会工作得那么出色的原因了。现在你最好用脚踩住那个硬币，并且假装根本没看到它似的。轮子是非常神奇的。轮子大约是在公元前3500年左右，由聪明的中东人发明的。当轮子转动的时候，你会发现有两种不同的力在同时做功，其中一个是向心力，另一个是离心力。糊涂了吗？让我们看看实例吧——确实有点复杂，但又确实值得我们研究一下。

力的惊险档案

*名称：*离心力和向心力

*基本事实：*设想用一根绳子拴着一个小球在你的头上转动。

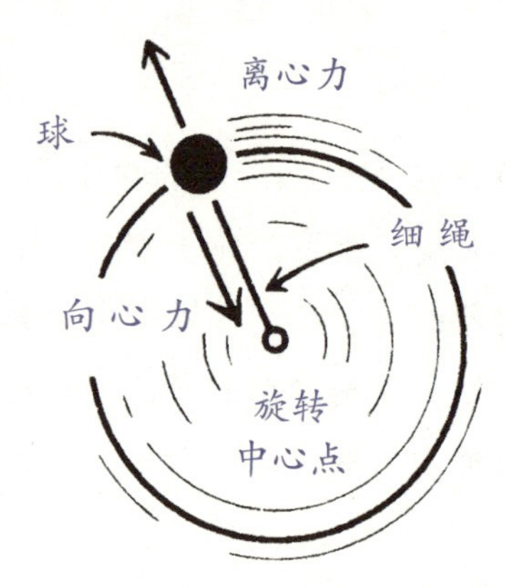

1. 离心力试图把小球沿着直线抛出去。

2. 而向心力正相反。它试图把小球拉向旋转中心。

*可怕的细节：*流星锤就是利用这两种力来攻击动物或者敌人的。流星锤就是在一根绳子两端拴着两个球。将流星锤在头上旋转起来后放开手，绳子就会绕在你的攻击目标上。继续往下读，你就会发现流星锤的工作原理。

如果你分不清这两个力，这里有首小诗也许能帮你。

你敢试着去研究……流星锤的工作原理吗

你需要的东西是：

1. 两个直径2.5厘米的小球。
2. 一根结实的，52厘米长的细绳。

你要去做的是：

1. 将绳子的两端各系上一个小球。
2. 抻一抻小球，确保已经很牢靠地拴在细绳上了。
3. 你现在就可以开始练习了。用手指抓住连接两个球的那段绳子的中间部位，在你的头上旋转细绳，然后放手。

注意

先读读下一页的安全警告。

严重的安全警告!

1. 在屋子里练习抛流星锤是很危险的。如果不小心打翻室内那些珍贵的工艺品，你就惨了。所以，最好还是到室外较宽敞的地方去练吧!

2. 你可不要把你的小弟弟或是小妹妹，再或者是那些小猫小狗作为攻击的对象呀。即便是为了科学研究，也要抵制住这种想法的诱惑。你可以选择一棵小树作为练习流星锤的靶子。

从你的观察中，你发现了流星锤是怎么工作的吗?

a）向心力使流星锤沿着一条直线飞行。离心力使流星锤缠到小树上。

b）离心力使流星锤沿着一条直线飞行。向心力使流星锤缠到小树上。

c）开始时，是离心力使流星锤飞出去了，但是向心力又使流星锤像“飞去来”一样飞回来了。

答案

b）当你松开绳子时，离心力使流星锤以很快的速度沿直线飞出去。当绳子撞到树上时，绳子上的向心力就往里拉小球，这样小球就会缠到树干上了。

圆周运动

向心力和离心力使得轮子在公路上能够很出色地转动。这对于汽车和火车、公交车和自行车、拖拉机和风车以及起锚机都是非常有用处的。当然还有成千上万种东西都要用到轮子。以下就是关于轮子的一些令人惊异的用途。

不可思议的轮子

1. 你在游乐园所见到的摩天轮，最早出现在17世纪的俄国。据说，这种大转轮的发明是受了孩子们坐在水车的汲水斗儿里面玩的启发，水车旋转产生的巨大的离心力常常会使孩子们掉到河里去。

2. 摩天轮也叫费雷斯大转轮，是根据美国的表演者乔治·费雷斯命名的。费雷斯在1893年建造了一个75米高的轮子。可惜这个大轮子每转一圈要花20分钟的时间，所以轮子上的离心力其实很小。

3. 古怪的发明家约瑟夫· 默林为了炫耀他新发明的旱冰鞋，在伦敦擅自闯入了一个晚会。这位18世纪的科学家一面滑行着，一面还拉着他的小提琴，在光滑的地板上嗖嗖地穿行着，感觉酷极了。直到最后，他发现自己停不下来，结果撞到一面镜子上。默林的问题是：他的鞋轮在光滑的地面上很容易旋转，没有足够摩擦能够使鞋轮停下来。我猜他一定对此有些恼火。

4. 转动轮子，你就可以获得一种力量，这种力量可以驱动所有的机器。19世纪，囚犯们被关进脚踏动力笼里。他们不得不攀爬一个令人讨厌的旋转的轮子，但是他们永远也爬不到顶部，因为轮子总是在不停地原地旋转。在臭烘烘的监狱船里，脚踏动力笼带动着船泵，以防止船下沉。

你肯定不知道！

离心力并不是一种实际存在的力*——它只不过是一种感觉而已。这其实是牛顿第一定律的三种特例——物体总是试图做直线运动。所以，当你看到西部电影中那些牛仔在空中挥舞着一根用来捕牛或者套马的套索时，千万记住，将套索甩出的驱动力其实是不存在的。

★ 此处所说的离心力实际上是惯性离心力，与前面说的真实的离心力不是一回事。

给老师出难题

这是一个简单的测验，你的老师应该会有百分之五十的希望答对——即使是仅仅靠猜——因为只有两个可供选择的答案，是离心力还是向心力。简单吧——不是吗？

1. 在实验室中，用来将血红细胞从血液中分离出来的力。
2. 钟摆在中非比在欧洲摆动得更慢的原因（这是真事）。
3. 当你骑自行车朝着拐弯的方向倾斜时，维持你的车子继续行驶而不倒下的力。

4. 当你坐在过山车上，大头朝下的时候，没系带子也不会掉下来的原因。

5. 阻止飞船掉落下来的力。

6. 旋转圆桶中的力。旋转圆桶是游乐园中的游乐乘坐设备，它能

让你旋转起来，当地板离开你而下沉时，使你紧紧贴在桶壁上而不会掉下去。

1. 离心力。这种仪器叫作离心分离机。它是由一个轮子，以及安装在轮子上的一个容器组成的。轮子每分钟旋转好几百次，这样就使得血液中的那些重一点的细胞沉底儿了。离心分离机也用来将轻一些的泡沫从牛奶中分离出来。当然了，用的可不是同一台离心分离机哟！

2. 离心力。如果你的老师能够正确解释的话，便应该给老师一个奖品的。随着地球的旋转，离心力使地球的中部即赤道稍稍凸出一些，这就造成这些地方的重力比其他地方的重力略小些。这种微小的不同就可以解释钟摆问题了。牛顿回答了这个让人琢磨不透的问题。1735年，法国政府派遣探险队分别到秘鲁和拉普兰地区做钟摆实验，结果证实了牛顿的解释是完全正确的。

3. 向心力。除非你在拐弯的时候稍微倾斜一下身体，否则离心力会使你从车上掉下来。

4. 离心力。如果你保持运动的话，离心力会使你留在位子上。只要过山车一停，你立刻就会掉下来——因此把自己牢牢地系在座位上是非常必要的。

5. 离心力。这与过山车是同样的道理。宇宙飞船在地球引力的作用下随时都可能掉下来，但是它的动量使它做直线运动。这两种力相互作用的结果，就是使飞船能够绕着地球飞行。

6. 向心力。当你飞转的时候，桶壁会产生向心力抵住你。

给老师出难题

如果你真的很勇敢，那就去敲你老师的门。当门咯吱一声开了的时候，笑着对你的老师说：

答案

想不到吧，两个世界上最伟大的科学家也曾为此而迷惑了多年呢。他们就是诺贝尔奖金获得者阿尔伯特·爱因斯坦（1879—1955）和欧文·薛定谔（1887—1961）。1926年一位叫埃斯的小姐就向欧文提出了这个问题，但是欧文回答不出来。于是埃斯小姐又去问了爱因斯坦。经过许多次计算，爱因斯坦最后得出了答案，并且在1933年以此为题写了一篇论文。

根据爱因斯坦的解释，离心力确实推动茶叶向茶杯的边缘处运动。但是水和茶杯边缘的摩擦力使茶叶停在杯子的边缘底部，这就减弱了离心力的作用。当水停止旋转，茶叶就会落到茶杯的中心去了。哦！你以为这仅仅是一杯茶吗？简直就是另一个叫人惊异的故事！

摆动

1586年，17岁的伽利略（没错，又是他）在比萨大教堂里听一场十分枯燥的布道。他发现树枝形的装饰灯在微风中摇摆。有时候它摆动的弧度大些，有时候小些，但是，他觉得每次摆动似乎都是用了一样的时间。

于是，伽利略利用脉搏的跳动次数来记录摆动的时间。结果他是对的。（你是不是也能在一次枯燥的科学课上有同样的发现呢？）

伽利略利用这次新的发现，设计了一种新型的钟。这种钟正是使用摆动的钟摆来计时间的。这是一项多么有用的发明呀！

1650年，为了证明钟摆真的是能够准确地表述时间，两个牧师用了一整天的时间，计算钟摆的摆动。结果是真的，他们共数了87998次摆动。

但是，另一个病弱的科学家还有一个更大的钟摆计划。

科学家画廊

让·伯纳德·利昂·傅科（1819—1868） 国籍：法国

小时候的让是个病秧子。他的父母估计学校不会接收他，所以他们就在家里教育他。为什么不是所有的父母都这么体贴呢？可怜的让学习成绩一直不好。曾经一段时间，他哪儿也去不了。在一次从手术台前临阵逃脱后，他想成为一个外科医生的梦想彻底破碎了。那些喷出的血和病人痛苦的样子，使得软弱的让流出了眼泪。

但是，让热爱写作。于是他成为一家科技杂志的记者。后来，他开始对实验产生了浓厚的兴趣。

他测量过光的速度，并且试图给星星照相。后来他想到人们可以利用一个钟摆来证明地球每天都在转动。尽管每个人都知道这个事实，但是没有人尝试过如何去证实它。

1851年，让设计了一个伟大的试验。他将一个直径60厘米、重30.4千克的大铁球悬挂在巴黎万神殿的圆顶上。万神殿是一个宏大的建筑，那里埋葬着许多伟大的人物。

让的秘密日记

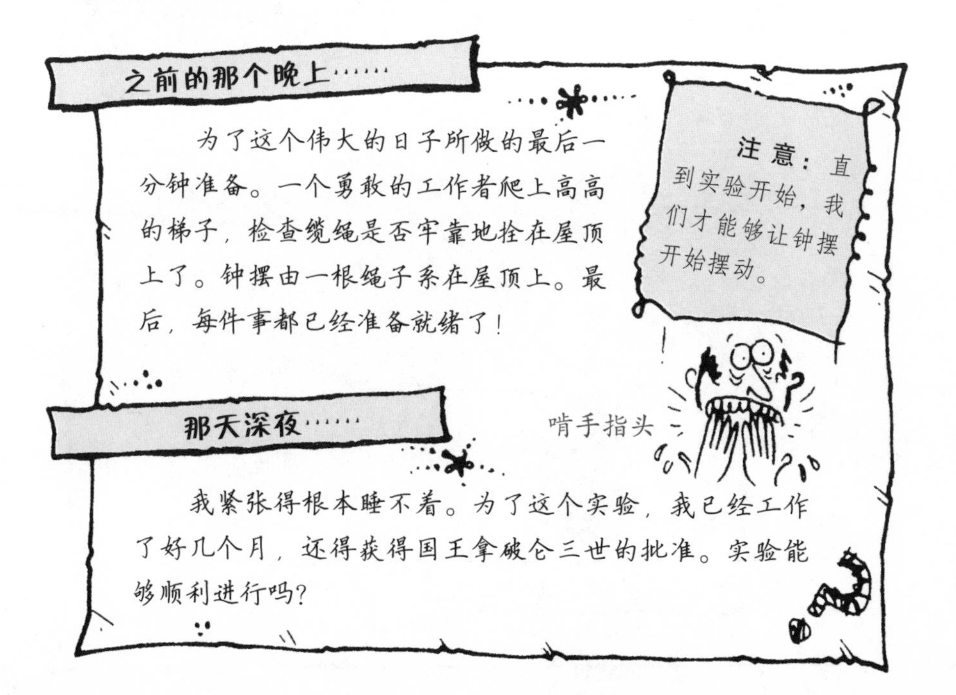

压力太大了。如果实验失败，我就成了全法国的笑柄，天哪！

第二天清晨……

起得太早了，啊！最后的准备。往地板上撒上沙子。告诉那些记者们，一切正常！哦，亲爱的，但愿我是对的！希望钟摆会停止摆动……

上午十时左右……

啊呀！看哪，这么多人，他们都是来看我的实验的。我最好讲两句话。然后我就给那根拽着钟摆的绳子点火。我的手指有些发抖。哦！我点着了绳子。希望这不是一个坏征兆。

注意： 如果你只是简单地推动钟摆，那么钟摆就不会沿着直线摆动了。

注意： 这个痕迹会变宽，因为地球在旋转，钟摆的摆动是不会改变的。这个痕迹看上去会移向一边。这就是让的观点。

午饭时间……

我无法将眼睛从钟摆上移开。它摆动很慢，长钉在地板的沙子中留下了痕迹。

痕迹

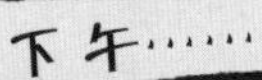

下午……

呼呼呼……

还在摆动。时间似乎停止了。我数着摆动的次数。好像在数绵羊。我有些困了。哦，昨晚应该多睡一会儿。

一小时之后……

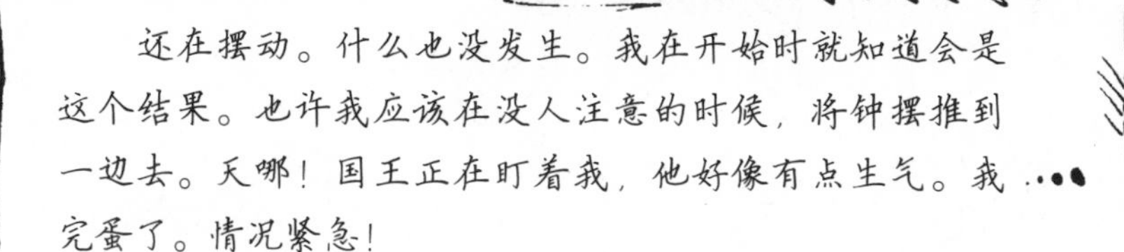

还在摆动。什么也没发生。我在开始时就知道会是这个结果。也许我应该在没人注意的时候，将钟摆推到一边去。天哪！国王正在盯着我，他好像有点生气。我完蛋了。情况紧急！

就在那时……

我睁开了眼睛。喔！那一定是一场梦。每个人都指着沙子，谈论着。沙子上的痕迹真的变宽了。我得救了！

世界真的在旋转。太棒了！我好想跳舞呀，我想亲吻每一个人！

让成了英雄。他获得了法国勋级会荣誉军团的荣誉勋章。后来，他还发明了陀螺仪……其工作原理和你马上就要看的陀螺是一样的。陀螺就是那些古怪的物理学家们玩得最好的玩具。

玩陀螺的窍门

物理学家们最爱玩他们喜爱的那些玩具了。是呀，据他们说，他们是在研究力呢。哦，是吗?

有许多利用旋转来玩的玩具。比如：溜溜球（一种线轴般的玩具）、呼啦圈（一种套在身上旋转用的塑胶圈）、飞盘，还有陀螺。陀螺是诺贝尔奖获得者沃尔夫冈·泡利（1900—1958）最喜欢的一种玩具。泡利试图研究出陀螺的物理惯性。这里有一些重要的信息，了解它们可以使你成为班级中的头号能人。

陀螺的平衡是由于角动量使它一直保持运动——想起那个从科学家身边滚跑的硬币了吗？尽管地球引力想使陀螺倒下，但是陀螺能够一直旋转。

要使大一点儿的陀螺转动起来需要更多的力气，但是它们能够旋转更长的时间。陀螺是世界上所有孩子的宠物。这是生活在北极的因纽特人的传统游戏。当天气变冷时，你可能会更喜欢玩。

你需要的东西是：

1. 一个圆顶雪屋。
2. 一个旋转的陀螺。

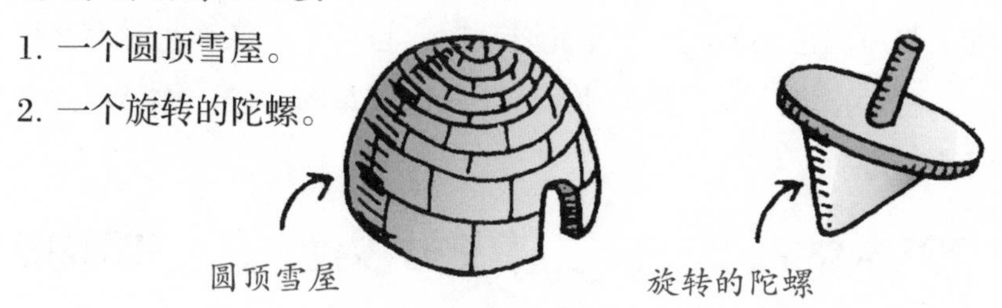

让陀螺转动起来。绕着你的圆顶雪屋（或是房子）跑。力争在陀螺倒下之前，跑回到屋子里面。（如果你事先没有穿暖和，那可不得了。）

1743年，英国发明家约翰·斯密顿（1724—1794）发明了一种陀螺，这种陀螺甚至可以在暴风雪的天气中，在船上旋转保持水平。这就使水手们可以在暴风雪天气里，还能观察到水平线的位置。这样他们才能够推算出太阳和星星的位置，并据此来航行。可惜这项新发明没派上用场，因为那些没用的船员们根本不能让陀螺转起来。

但是，斯密顿的想法无疑是今天许多船和飞机上使用的陀螺仪的雏形。

让的发明——陀螺仪——像许多陀螺的工作原理一样。不同的作用力保持平衡，使得陀螺不倒下去。令人惊奇的是，你的自行车轮的工作原理也是如此。当车轮转动时，自行车不像静止时那么容易翻倒，科学家把这叫作“进动”。下一次骑车的时候，你可以体会一下什么是进动。

你肯定不知道！

你旋转的圈子越小，你转得越快。这就是为什么滑冰选手想要旋转得更快时，就要夹紧他们的胳膊。这又是角动量守恒定律的一个实例。因为旋转的圈子越小，旋转就越快。这可以解释为什么在靠近旋涡中心的地方，水流速度会变大。洗衣服的脏水流进下水道时的情形也是同一道理，你可以亲自验证一下！但是，如果你对这个主意不感兴趣的话，那最好跳到下一章。你有可能会被很快弹回来的，哈哈！

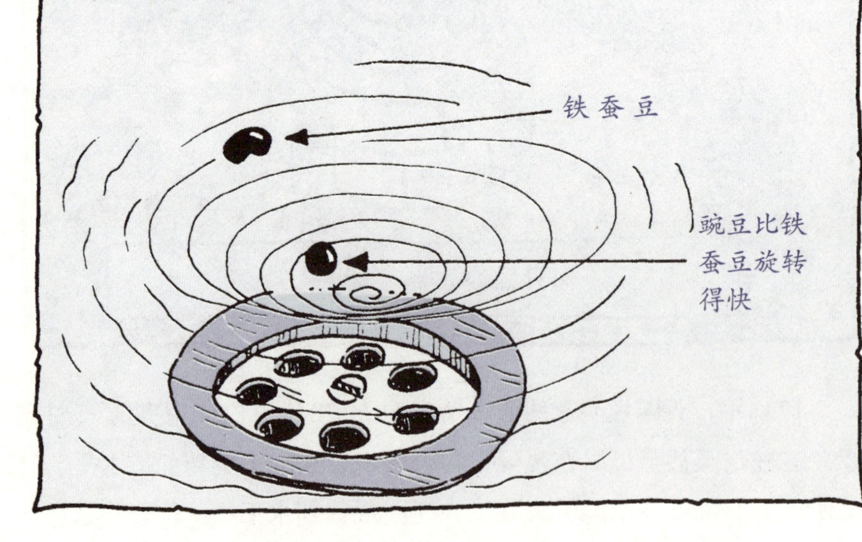

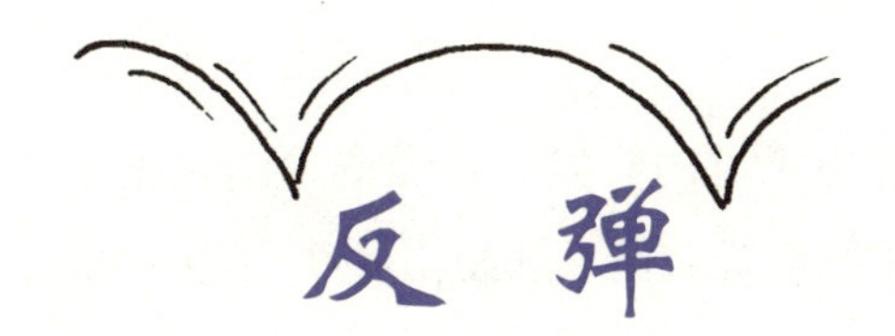

反弹

什么东西是圆形的，并且不怕被狠狠地踢上一脚？哦，那可不是你的体育老师，那是一个球。但是，球也会做一些有力量的事情，像滚动、旋转和弹跳。这里是一些可以供你和你的朋友大发议论的事件。

力的惊险档案

名称： 弹跳

基本事实： 第一种口香糖是用中美洲产的一种树胶做成的。美国科学家想把那种树胶做成一种橡胶，可是这种树胶的弹性不够。于是他们只好反复地思考这个问题，他们干脆就嚼起了树胶。

可怕的细节： 当一个橡皮球撞到地板上时，组成球的那些有弹性的橡胶分子就会一起受到挤压作用。它们吸收了碰撞时的能量，接着就会在下一时刻释放出去——这就使球跳了起来。

盯住球

当一个球在空中飞过的时候，奇怪的事情发生了。科学家们费尽心思，想要算出这种神奇的现象都是由哪些力造成的。

力的惊险档案

名称：飞球

基本事实：当你扔球或是踢球的时候，空气的摩擦会产生阻力作用，从而使球速减慢。与此同时，球会受到涡流的作用。涡流就是球周围的那些旋转的气团，它使球在空中颠簸前进。

可怕的细节：棒球可以每小时145千米的速度被投掷出去。这对于任何不戴防护手套的人来说都是致命的。

任何一位老科学家都会告诉你，所有的球类运动都包含力量。所以，我们请可爱的科学家一起，向你展示科学是如何帮助你提高运动技能的。就以网球为例吧。你所需要的只是一些脑细胞还有一台电脑。哦，准备好了吗？

科学家带我们去打网球

网球每一个面上的缝线都是一样的，这就意味着每一个面都承受同样大小的空气涡流的影响，所以球可以直线飞行。那是很快的速度。网球拍向下切，你就可以使球下旋。球向前飞时，它会倒着旋转。这就带动了它四周的空气。当空气流速增大时，球上面的压力会下降，而球下面的气压相对变大，这就把球举起来了。我们称这种效应为举升。

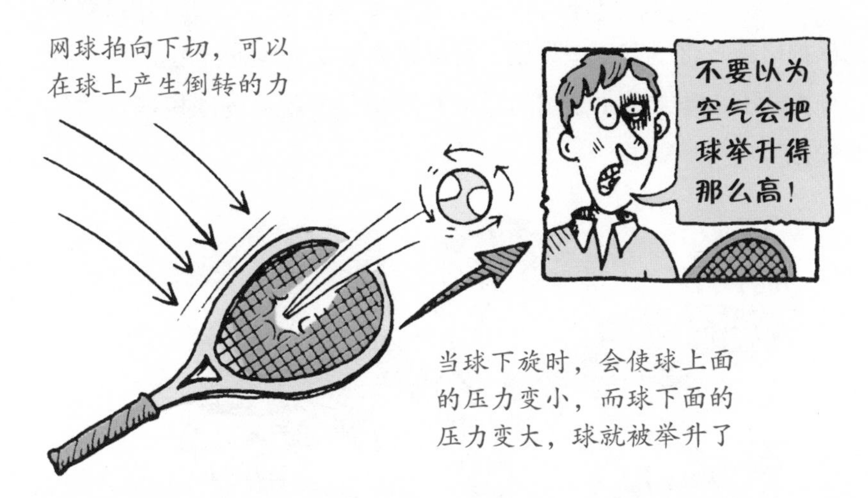

而上旋正相反。向上提拉球，球向前飞行时也会向前滚动。这就带动了球下面的空气。气流的速度变大时，压力变小，球就被推得更低，弹回得更快。

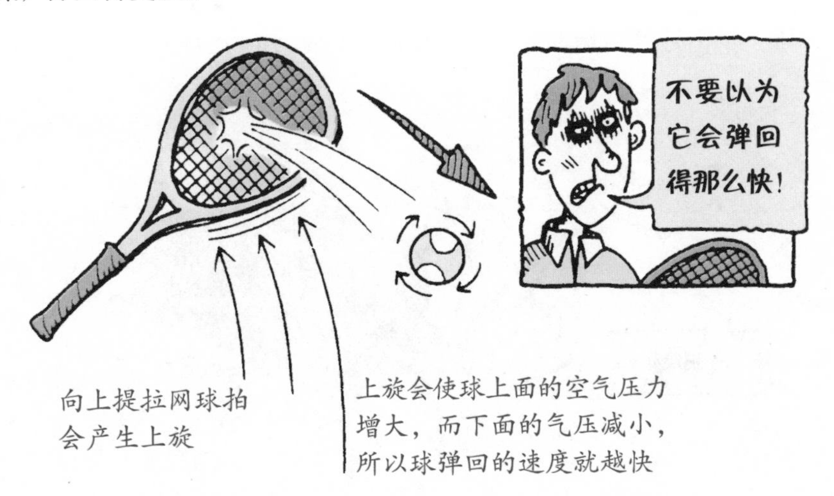

如果你只是随便地击一下球，那么，它撞到地面反弹回来的速度会更慢。因此会很容易接住球。

无痛垫

如果在运动垫子上做游戏，会使你感觉有点疼，也许你需要更多的保护措施。这里有一些设施，可以让你更安全地进行运动。

▶ 可以起到缓冲作用的垫肩和胫骨垫，就像美国棒球运动员穿的一样。

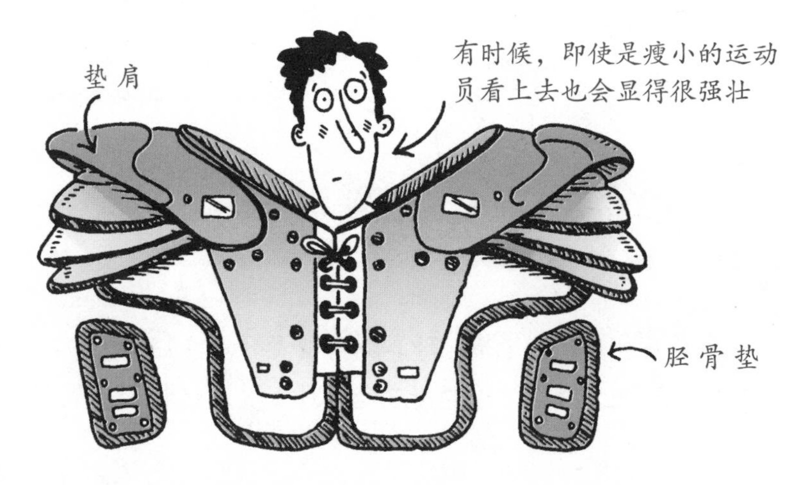

▶ 拳击运动员戴的牙套，可以防止你的牙齿被打掉。

▶ 美国橄榄球运动员戴的头盔，以及保护面部的网罩。

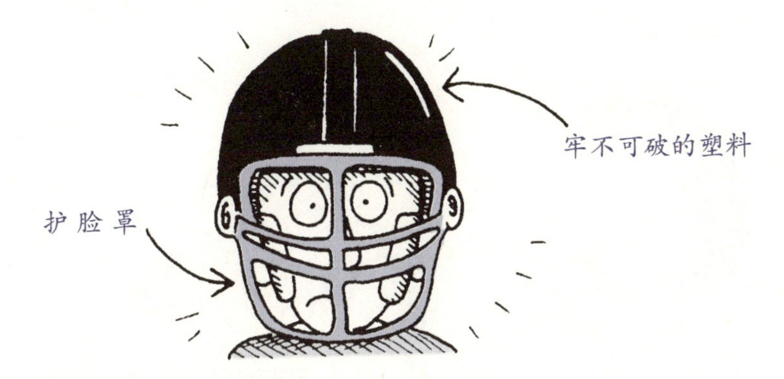

▶ 圆顶形的头盔可以使撞击力分散，防止头部受到挤压。

▶ 板球运动员的下体护身，可以保护你免受致命的一击。那是非常有用的——板球的速度可达每小时160千米（44.44米/秒）。

还有更多的事实可以证明，一种球类运动就是一门科学。

球的制作历史

1. 最早的球是罗马人用死的动物皮缝制而成的，里面充满了空气。

到了中世纪，人们用猪的膀胱来做球，里面当然充满了气体。哇——谁去把它们吹起来呢？

2. 最早的高尔夫球简直就是一个皮袋子，里面塞满了煮过了的鸡毛。我敢打赌，是那些羽毛使球飞起来的。这种球飞得很好，只是一遇到下雨天，球就很快进水，并且会裂开。这使得那些打球的人落得满身都是难看的脏鸡毛。

3. 19世纪50年代，有人想出用带有弹性的树胶来做高尔夫球。但是这种球不像原来的球那样可以飞得很直。要用过一段时间后，它们才能飞得很好。

4. 那么后来又怎么样了呢？后来人们研制出了一种表面粗糙的高尔夫球。这种球表面的小坑可以圈住一小部分空气。那些涡流气体围绕在这部分被圈住的空气四周，可以使球飞得更顺畅、更快捷。所以现代的高尔夫球表面上都有些小窝。

5. 板球在飞行时也会发生一些奇怪的事情。通常板球都是水平旋转的。但是由于速度的缘故，如果板球的缝合边缘处比较平滑的话，空气涡流会使得板球发生转向。这就是为什么板球手要在他们的裤子上把球擦光的原因了。

6. 板球以每小时100千米（27.78米/秒）以上的速度飞行，特别是当缝合边缘处比较粗糙时，还要加上板球突然转向所引起的更大的速度。所以一些板球手会往球上抹脏东西。但是在体育课上，你可别这么干——那就算作弊了。

7. 橄榄球和美式橄榄球都有两个尖角。如果这种球向前翻滚的话，它的弹跳轨迹会显得很古怪。有时候弹得高些，有时候弹得低些。

8. 这就必须掌握其中的诀窍儿，才能抓住橄榄球。玩橄榄球也是很危险的，除非你乐意有20个高大的人一起跳到你的脑袋上。好在橄榄球比较容易扔。拿着橄榄球的一端朝前扔出去，它就会像一个超大号的子弹一样水平旋转。这就意味着在被打倒之前，你很容易避开它。当然，这比站在那儿要弄球要安全得多了……

你敢去尝试……如何玩杂耍吗

玩杂耍是审视力如何作用于球的很好的途径。告诉那些容易上当的大人们——你要开始做作业了。然后，你才能获得以下这些乐趣。

你需要的东西是：

1. 你自己。

2. 一些杂耍用的道具。三个小球，你的手掌可以握住的那么大为宜。否则你可能会因为无法掌握而挨砸。

3. 足够大的空间。

4. 一面镜子。

安全提示：如果你正在学习如何玩杂耍，那你可千万不要用你奶奶的那些宝贝古董、食物（尤其不要在开饭的时候），以及那些有生命的物体，像老鼠啦、金鱼啦、小弟弟啦、小妹妹啦，等等。

你需要做的是：

1. 站在镜子前面，胳膊肘紧靠身体，把手垂到腰间。分开两腿，微屈膝盖。很简单，对吧？准备好了吗？

2. 深吸一口气，然后慢慢呼出。做得不错——放松。现在不要看你的手……将球轻轻地往上扔，扔过你的头顶。注意观察球下落时受重力作用的影响，会呈现出来弧度。正如伽利略研究的炮弹一样——想起来了吗？用另外一只手接住球。你的眼睛要一直盯着球，直到飞到最高点。好了——这种把戏很容易做到。

3. 现在要增大难度了。要弄两个球可需要做些练习了。像前一次那样扔起一个球，当球刚好要下落时，把另一只手中的球也抛起来。最理想的情况是，第二个球正好从第一个球的底下穿过。

4. 是呀，这需要练习才能做好。现在假设我们已经练好了。

5. 这下可真的遇到难题了——三个球。你肯定你真的想试一试吗？好吧，一只手握两个球，另一只手握一个球。重复第三步。

6. 这里有个比较聪明的做法。当第二个球正好要下落时，抛起第三个球，并试着使第三个球从第二个球底下穿过。同时接住第一个球，在第三个球刚好要下落时，再将第一个球抛起来。容易得很！

7. 做得太棒了，继续！

当你练习这个戏法时，这里告诉你一些有意思的事情。

1. 一个人最多只能够耍弄10个球。有好几个人都做到了，其中包括1996年美国的布鲁斯·萨拉凡。

2. 19世纪美国的表演者卡拉曾经用他的帽子、点着的雪茄、手套、报纸、手表，还有咖啡杯做过表演。你可别在家里试着这么做……也别在学校那么干呀！

3. 当然也可以用你的脚来表演。这种把戏是由另一个美国的表演者德瑞斯想出来的。只要表演者的背能够撑得住，他们可以耍弄一些重物，甚至包括一个小孩。

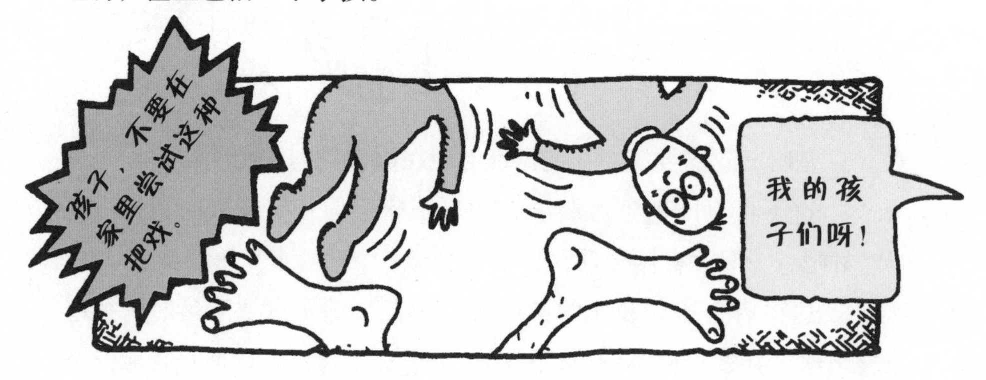

不久之后，人们将会发明一种杂耍机。那时候，人们不必去学习杂耍，就能体会玩杂耍的乐趣了。这就是人类的特性——总是能够发明出新机器，帮助人们从艰苦的劳作中解脱出来。当然，包括那种使人们变得无所不能的机器。仔细听，你马上会在下一章中，听到万能机的齿轮声了。

万能机

一台机器总是合理地利用力的作用，来使工作变得省劲一些。那为什么几万年的科学发明，还没有研制出一台可以做家庭作业的机器呢？不管怎么说，做一台万能机，你所需要的全部东西就是一套省力杠杆、滑轮和齿轮。

可怕的表述

你应该请医生吗？

答案

不。你需要求助于一个机械师。科学家无法拧下那个螺母了。扭矩这个词是科学家们用来描述你使用扳手时候产生的扭转的力。转动惯量是螺母被拧动时所产生的一种抵抗力。扳手可以很出色地完成这项工作，正如你将要看到的，它们可以像杠杆一样工作。

可爱的杠杆

杠杆就是一种杆，你可以用它来抬起或者推动物体，或者拉动某种物体。在每一种使用方法中，杠杆都会使力作用在杠杆的支点上。杠杆很有效，因为对于你所要移动的物体，最有效的扭力产生于那些最合适的角度上。所以，杠杆可以使你以较少的力气干更多的活。可爱吧！

你敢去发现……杠杆是如何工作的吗

你需要的东西是：

1. 你自己。
2. 一扇门。

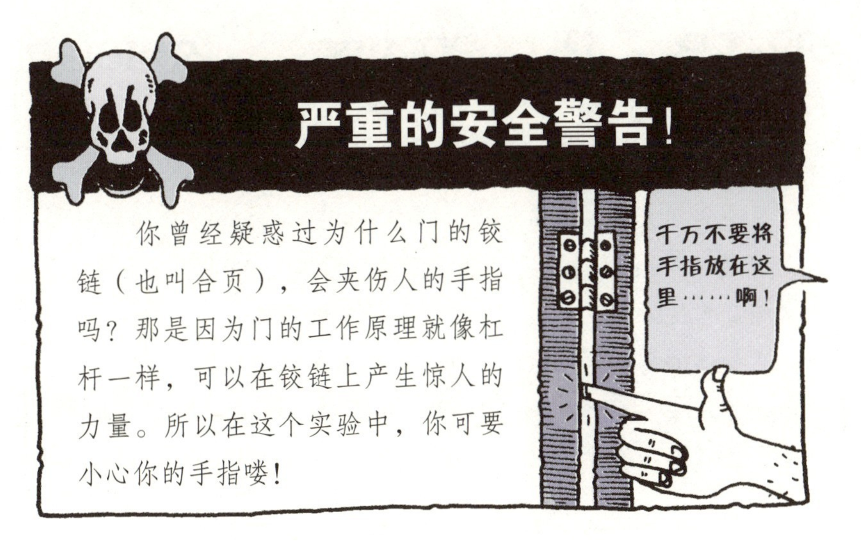

你要去做的是：

1. 轻轻地打开门。保证没有人偷看。

2. 站在门外面，把一根手指放在距离铰链2厘米远的地方，然后试着用手指去推门。

3. 现在将同一根手指放在铰链的对边，同样距离对边2厘米的地方，试着用手指去推门。

靠近铰链的地方

远离铰链的地方

哪一种更容易呢？

a）两种都不可能，并且你的手指都痛了。

b）在靠近铰链的地方推门较为容易。

c）在离铰链远的地方推门更容易。

答案

c）门的工作原理和杠杆一样，铰链就像是杠杆的支点。距离支点越远，你产生的推动力就越大。今天从打字机到开罐器，从剪刀到跷跷板，人们在好多的地方都可以发现杠杆。

你肯定不知道！

你的身体里也有杠杆。这个有趣的事实是由意大利的艺术家兼科学家莱奥纳多·达·芬奇（1452—1519）发现的。

达·芬奇解剖了人体的手臂和腿，为了研究这些器官是如何工作的。他发现肌肉带动骨头的运动和你用一个杠杆推动一件物体的情况很相似。他对于这个发现感到非常兴奋，他甚至还用一些铜线和几块真人的骨头做了一个人腿的工作模型呢。这样他就能够看到腿是如何活动的了。

给老师出难题

这个有关运动场的难题可能确实会难住你的老师。两个孩子正在玩跷跷板。如果那个小孩子跳下来，她可能会摔伤。但是，如果那个大孩子掉下来的话，跷跷板会随着小孩子的重力向上摆动，大孩子可能伤得更重。到底该怎么做呢？

答案

跷跷板就像一个杠杆——这就是为什么它能够将孩子们从地上举起来。问题是那个大孩子给他那一端的跷跷板施加了更大的压力。如果大孩子向支点移动一些距离的话，那么这种压力就会减小一些了，小孩子就可以慢慢地降到地面上来。你可以和你的伙伴来证实一下。

有力的滑轮

另外一种将重物（也包括那些大孩子）从地面上举升起来的方法就是使用滑轮。滑轮就是将一个轮子悬挂起来，并使一根绳子通过它。滑轮能够改变力的方向。因此，你可以拽住绳子的一端，将系在绳子另一端的物体举起来。

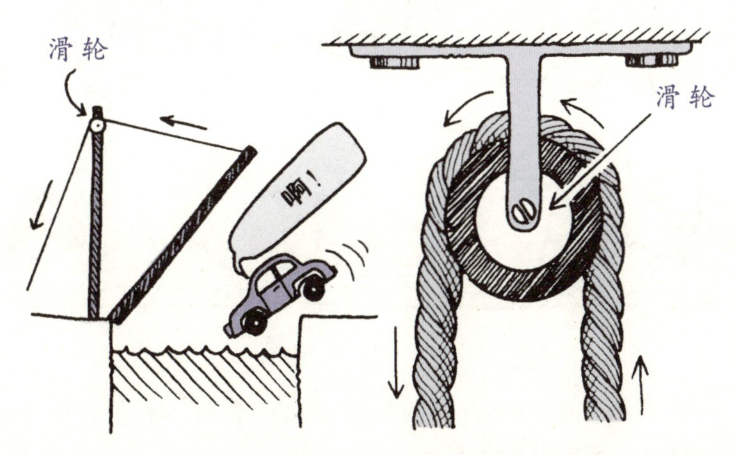

在第一个滑轮上再加一个轮子，这样会使举升更容易。因为这样就将绳子的距离拉长了，也就是力臂——从你拉绳子的地方到支点之间的距离变长了，这就使提升重物变得轻松了。你还可以在起重机和电梯中发现滑轮。究竟是谁发明了这么神奇的东西呢？他就是希腊的天才——阿基米得（前287年？—前212年）。

一个可爱的小滑轮

阿基米得遇到了一个小麻烦。他的亲戚希伦叫他将一艘大船从海滩上推进海里去——条件是不能有任何人的帮助！现在我们大多数人可能会叫那个亲戚别那么无聊了，还是回去看电视好了。可阿基米得可不敢这么讲。

因为不幸的是，希伦是当地的国王——准确地讲，他是锡拉库扎（意大利西西里岛东部一港口）的希伦二世。无论如何你也不敢违背王权，即便他们是你的亲戚。而且，阿基米得是个全能的天才。人们估计他会知道如何处理这些事情的。他已经推算出杠杆的数学公式，并且夸下海口：只要给他一个足够长的杠杆，他就能够撬动地球。希伦想：应该教训一下这个聪明的亲戚了。所以他故意给他布置了这项几乎不可能完成的任务。

阿基米得挠挠他光秃秃的脑袋，咬着嘴唇。他苦苦思索了一整夜，反复进行数学计算。最后，他终于找到了解决问题的方法。他的方案绝对新颖而又独特，在此之前没有任何人想出过这么绝妙的主意。他研究出来一台新的机器！与此同时，上百名表情严肃的士兵正将船拖到海滩上，他们一个个累得呻吟不止。希伦命令他们将船装满货物，并叫一些士兵留在甲板上。

接下来，阿基米得和几个助手花了几个小时做成了一架机器。历史上并没有记载那架机器究竟是什么样子的。但是，那架机器一定是将一系列的滑轮安装在木头框架上，并用绳子与船连接在一起。当一切都准备就绪后，阿基米得抓住绳子的另一端。他看上去骨瘦如柴。当他将袖子挽上去，开始拖动绳子的时候，希伦禁不住低声暗笑起来。

但是接下来，船很平滑地滑下海滩。船移动得很轻松，那种轻松简直有点可怕，就好像是在一片平静的海面上航行一样。阿基米得的机器只不过是一个可爱的小滑轮。围观的人们简直不敢相信这一切，他们个个都惊呆了。船上的人也都惊讶地看着这一幕。希伦愣着，都快要犯心脏病了。如果不是亲眼所见，这个国王一定会指责他的这位足智多谋的亲戚欺骗了他。

折磨人的齿轮

没人知道到底是谁发明了齿轮，但是罗马人的确使用过齿轮。齿轮是彼此啮合的轮子，能够使力发生传递。齿轮原来有一些不固定的名称，这些都是在早先那些拷问室里产生出来的。这些名称包括像“锥齿轮”“拷问台小齿轮”“正齿轮”以及“涡轮”。它们的工作原理都是一样的。只不过小齿轮转得快，而大齿轮转得慢一些罢了。

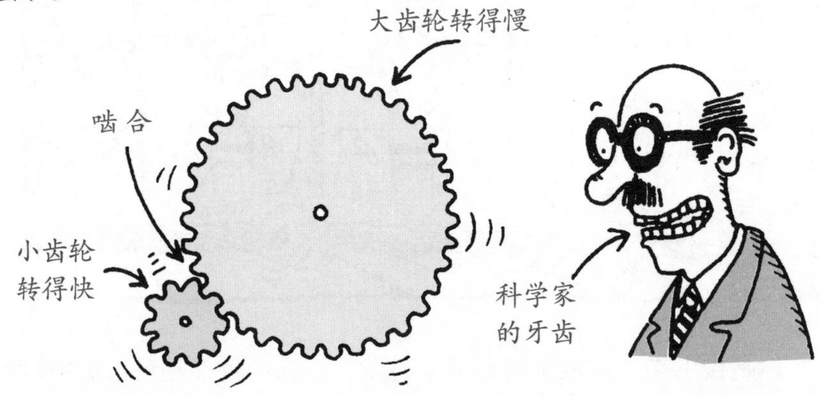

你投入一定大小的力，齿轮可以增加这些力所产生的作用。以你的自行车上的齿轮为例吧。飞轮上的齿数比链轮上的齿数要少。所以飞轮转得更快，这就使你车子的后轮比你的脚踏板转得快。这样，才能保证你骑车的时候比较省力、轻松。

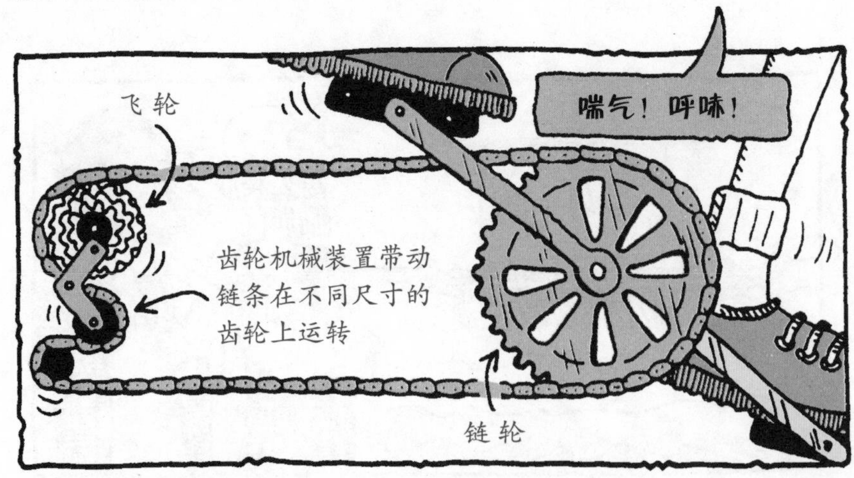

自行车实在是一个好创意，19世纪的发明者们都开始骑上他们自己的脚踏车了。下面哪些是根本无法实现的愚蠢设计呢？

3. 别错过我们的汽车！

校车再也不会坏了。试一试新型的脚踏驱动校车吧。特殊的脚踏板位于座位下面，与一个旋转的机轴相连，它可以驱动汽车以每小时35千米的速度行驶。

“让孩子们准时到校，还要使他们保持身材。”
“遵命！”

4. 累坏了吗？

让我们在用脚踏驱动的冷水淋浴器下好好地放松一下吧。

你还能获得淋雨的清爽喜悦感受！

一种新型的让人兴奋的运动项目，可以让你感到新鲜，又能够保持身材。

一边蹬车，同时又能洗得干干净净！

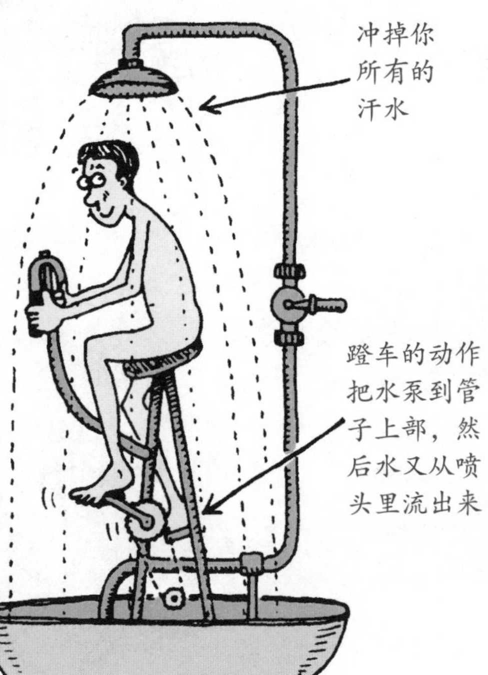

答案

1. 真的。是由法国人弗兰克斯·白瑞松于1895年在巴黎发明的。

2. 真的。另一项法国发明试验是1895年在巴黎进行的。

3. 假的。

4. 真的。这是在1897年法国巴黎的自行车展览会上展出的一个产品。

了不起的万能机

一台复杂的机器只不过是由许多简单的机器组成的。很简单，就是一些你可以在汽车里找到的螺丝钉、滑轮、杠杆、齿轮、轮子、轴、链条、传动杆以及弹簧之类的东西。将这些东西安装在一起，每样东西就会像时钟一样运转起来了。

从自行车和齿轮到蒸汽机、汽油机、火车、汽车、小轿车以及飞机等的发展，其实只是很小的一步。如果不是为了学习这些有趣的力，可能你也就没有上学的压力了，讨厌吧？要不，你就可以轻松自在地待在家里了，不是吗？不必担心那些力，家里多安全呀……哦，事实上，力对于房子等建筑来说，也是同样具有破坏性的。在下一章里，力就会真的使你摇摇晃晃了。

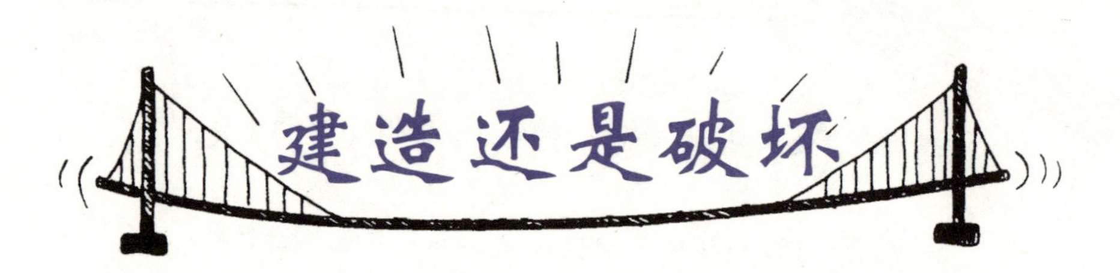

在地球引力的作用下，建筑会坍塌，会被毁掉，或者是被摇来晃去。是呀，力对于建筑物来说也是有破坏性的。

需要修补的建筑物

有些建筑耸立了好几百年，另一些建筑可能只坚持了几百天，或是几百分钟。

你有兴趣购买这些建筑吗？

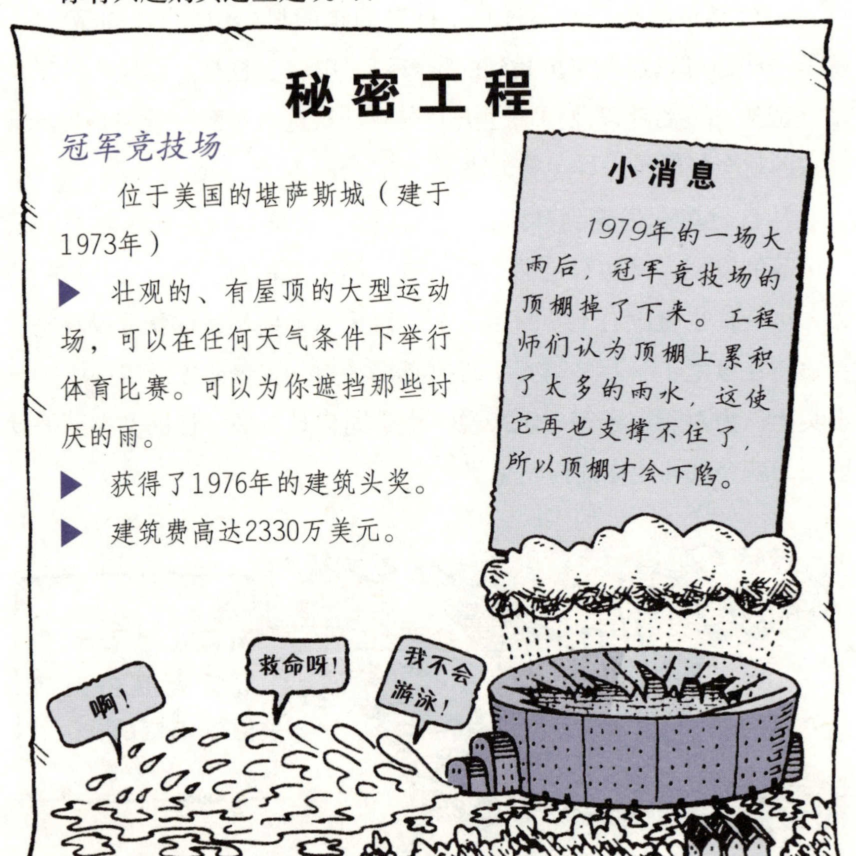

秘密工程

冠军竞技场

位于美国的堪萨斯城（建于1973年）

- 壮观的、有屋顶的大型运动场，可以在任何天气条件下举行体育比赛。可以为你遮挡那些讨厌的雨。
- 获得了1976年的建筑头奖。
- 建筑费高达2330万美元。

小消息

1979年的一场大雨后，冠军竞技场的顶棚掉了下来。工程师们认为顶棚上累积了太多的雨水，这使它再也支撑不住了，所以顶棚才会下陷。

伦敦大桥

横跨伦敦泰晤士河，有20个狭窄的拱门。（建于1176—1209年）

- 水车，还有商店。
- 汹涌澎湃的潮汐从狭窄的拱门中流过。
- 所有这些，还有建筑师彼德·科尔丘奇的尸体。他被埋在这座桥上的一个小礼堂里。
- 叛国者的腐烂的头颅钉在可开闭的吊桥上。

腐烂的叛国者脑袋

小消息

由于拱门太窄，而且彼此间距离太近，使得河水流经大桥的时候变得非常猛烈。这不仅损坏大桥，而且对于船员来说，也有生命危险。每年都有50个人在船通过大桥的时候死掉。大桥的一部分于1281年倒塌了，1482年，又有一部分倒塌了。1832年，大桥终于完全塌陷了。彼德·科尔丘奇应该将桥的拱门设计得更宽一些，这样才能使河水比较容易从下面流过。他更应该阻止人们在大桥上盖建筑物，因为这些建筑物太重了，以至于大桥都支撑不住了。

摇摇晃晃的大桥

塔科马海峡大桥

位于美国华盛顿州西部港口城市（建于1940年）

- 一架优美的轻量型悬索桥（悬索桥也叫吊桥）。
- 跨度长达853米。
- 当你从桥上走过的时候，风会使悬索桥左右摇晃，非常刺激。

你肯定不知道！

一个建筑物倒塌的时候，很多人可能会因此丧生。但是最惨重的伤亡损失是堤坝决口所带来的。堤坝可以用来阻挡水的巨大的冲击，修筑堤坝就是为了挡水。这就是为什么堤坝总是修得很厚实，并且常常修成一种坚固的拱形，这种形状可以使水作用在堤坝的斜面上，而不是直接向后压挤堤坝。但是，有时候这种拱形的堤坝也是不管用的。1975年，中国的河南省境内的黄河发洪水，有两处决堤，大约有23.5万人在洪水中失踪。现在，你肯定明白了对所有的建筑师来说，接受足够的训练是多么重要。如果想成为一名出色的建筑师，你最好留心这些基本的准则……

建筑师速成课（用六节课就使你成为一名建筑师）

第1课：弄懂那些作用在建筑物上的力

如今建筑师们都使用计算机来模拟或者建造房屋模型，他们甚至还在风洞里检测模型。

第2课：提高观察力

一个出色的建筑师或工程师能够看出一个建筑物建造得是否牢固，它们能否经得住作用在它上面的力。马克·布鲁内尔（就是伊桑巴德·布鲁内尔的爸爸）曾经看着一座法国大桥说：

3天后，那架桥就倒塌了。是呀，老马克总是冷冰冰的，还有点黑色幽默。

第3课：打好地基

如果你曾经试图像服务员那样，用一只手端着装有一些高脚杯的盘子，你会发现要想拿稳这些高脚杯是需要技巧的。但是如果你用一个比较厚的盘子来托那些杯子，就会容易一些了。这就是地基产生作用的原理。建筑物越高，需要打的地基就越深。

地基可以防止你的房子被大风刮倒，也能够支撑房子的重量。还记得在比萨大学工作的那个伽利略吗？1173年，比萨的钟塔被建筑在较软的地层上，而且因为钟塔的地基不够宽，所以无法支撑塔的重量。今天比萨大学因为学术而闻名，而钟塔却因为倾斜而出名。

第4课：整个建筑应该采用正确的形状

三角形是一种稳固的形状。这就是为什么埃及金字塔能够保持4700年之久。埃菲尔铁塔也是由一系列的三角形构造而成的，许多现代的摩天大厦都是利用三角形作为它们的金属构架的基础。

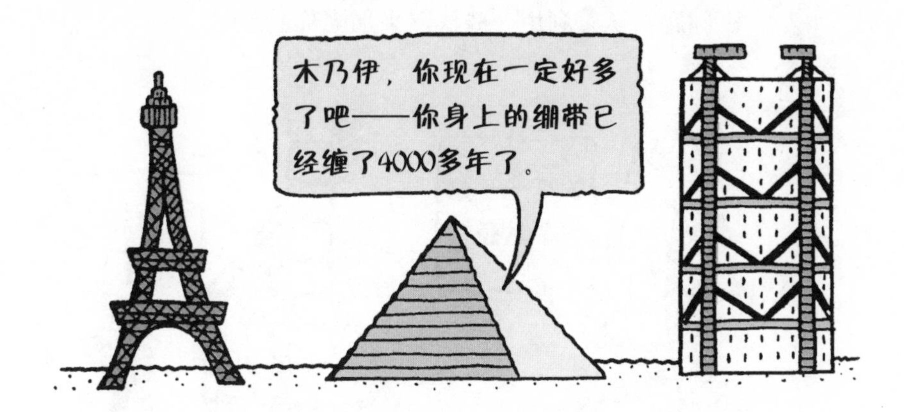

圆柱形也是一种稳固的形状，用来支撑重物是非常理想的，比如支撑房顶。你也可以采用拱形结构来支撑墙的一部分。圆柱形结构、拱形结构都是不错的选择，因为你越用力推它们，它们的反作用力就越强。是呀，这不又是牛顿第三定律了吗？

圆盖其实也很坚固。关于这一点，你已经在第三章里面的头盔当中知道了。鸡蛋的形状也是让人吃惊的坚固，它能够承受22.7千克的重压。但是你可不要试着把一个鸡蛋放在老师的椅子上呀！

第5课：确保你的墙不会坍塌

如果你想要设计一栋很高的石头建筑，可以选择把墙建得像老式的教堂或城堡那么厚——伦敦塔的墙厚度超过了4.6米。也许你想装一些大一点的窗户，但是你要知道那么干，就会使你的墙变得比较脆弱。好吧，没问题，试着利用一些扶壁来加固你的墙吧。

提醒你一下，不管怎样，灾难总是会发生的。1989年意大利帕尔瓦的公民塔（建于1060年）倒塌了。黏合石块的水泥慢慢地粉碎了。工程师们认为，多年来在塔顶敲钟所产生的震动波是造成这次倒塌的主要原因。如果你因此决定不用石头盖房子了，那你可以采用坚固的铁架来筑高楼，并用一些轻质材料来建墙。这会使它们更为坚固，可是你的房子有可能会在有风的天气中有一点儿摇晃。

第6课：合理地确定屋顶的形状

屋顶通常都是倾斜或有坡度的，因为这种形状很难被压弯。你可以通过以不同的方式拿着一张纸来验证这一点。

讨厌的振动

振动具有很大的破坏力。你一定见过你家的洗衣机在洗衣服或是甩干衣服的时候，那剧烈的震颤吧？也许你可以勇敢地将一根手指放在洗衣机上，感受那种一直传到你胳膊上的振动。小心呀，它们可是很厉害的。

可怕的表述

你应该拨打120吗？不，她的车子只不过是因为振动才发抖的。可能因为车子太兴奋了吧。实际上，振荡运动就是振动的意思。振荡就是有规律地重复运动或振动。唯一消除振荡的途径就是“使它们衰减”。不，这儿的意思不是叫你往车上浇水。还不明白吗？好吧，意思是叫你使用一些柔性物质来缓冲振荡，抑制颤动。

讨厌的振动实例

振动对于建筑物和桥梁来说影响很坏。1850年，487名士兵正从非洲阿尔及尔的一架吊桥上行军。士兵们厚重的靴子重重地踏在桥面的公路上。接着整座桥就因为振动而摇晃起来。桥晃得太厉害了，有些人从桥上掉了下去，最后整座桥都塌进河水中。可悲的是，有226名士兵牺牲了。

从此以后，士兵们在过桥的时候，都要避免以统一的步伐前进了，就是为了防止再次引起致命的振动——共振。

这确实需要有点远见才行，但是有时候在遇到这些情况之前，你是需要好好计划一番的。这里要提醒你，最危险的振动并不是由人类造成的——而是由地球自身造成的。

每年都会发生好几百次地震。其中一些对于人类来说是致命的。地下深处那些巨大岩石层的运动，造成了强有力的震动，形成的地震波足以毁掉整个城市。地震波使墙剧烈地晃动，这样建筑物就会倒塌，随之会带来一系列的灾难。感到有点晃动，是吗？

你敢去尝试……你身体的振动有多大吗

你需要的东西是：

1. 将橡皮放在直尺的一端。

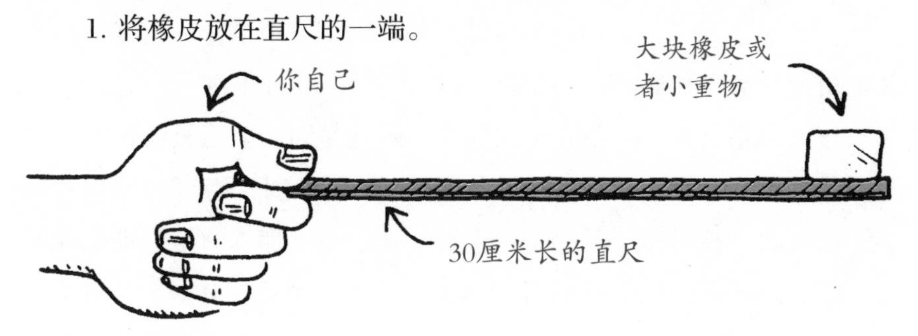

2. 用你的大拇指和食指捏住直尺的另一端。尽量只捏在直尺的边缘处。

3. 伸出手去，令直尺另一端的橡皮保持平衡状态。

你发现了什么？

a）什么也没发现。我把这个测验做了10分钟，我的手还像一块石头一样稳固。

b）几秒钟之后，当我的手臂开始抽搐的时候，直尺的另一端也开始摇摆。

c）我失去了平衡，直接摔倒了。

答案

b）由于你心脏的跳动以及血液在你的全身流动，你的身体会不停地颤动。你的肌肉也会有规律地抖动。身体的震动会传到直尺上去，使直尺也跟着颤动。如果你的答案是a），那就换一个重点儿的物体试一试。如果你的答案是c），那就换个轻点儿的吧！

毁灭性的结局

你已经学到了力是如何影响建筑物的知识，现在让我们练习一下如何用力将建筑物推倒吧。就拿一所很古老的学校为例吧——假设你们学校被人们指责是一栋不安全的建筑。可能是因为上百只脚在走廊里蹦蹦跳跳所造成的危险的振动，学校的建筑变得脆弱不堪了。所以，现在，学校必须被拆掉，再也不用上科学课了——那真的是很难受的课呀。哦，好吧——下面就告诉你如何做一些毁坏性的工作。

1. 确信学校里的学生都已经被清空了，并且也要保证没有老师躲在角落里。你并不想叫房子压在老师的头上，对吧？

2. 开始摆动一个很重的铁球，使它砸在学校建筑的墙上。球会将它

的动量传递给被它砸到的墙。水泥被从砖头里赶了出来，墙就倒了。

3. 如果你没有铁球，那你就不得不用一把大锤来把墙砸碎了。这样做的效果是一样的，只不过这样做太慢了，而且是很累的工作哟。

4. 一些建筑里含有混凝土构件，这些混凝土构件中穿有钢筋。这些钢筋在建筑物上层地板的重力下，会被压得很紧。如果你学校的大楼有这样的混凝土构件，你可要小心些。当你将上层的地板敲掉之后，下一层地板的混凝土构件中的钢筋就再也固定不紧了。因此，这些混凝土构件可能会塌掉，接着，整个大楼就会轰然倒下了。

你可以在以下这些拆毁方法中选择一种。

方法1 爆破

你很着急吗？想赶在周一的科学课之前就把你们的学校拆毁吗？那你可以用爆破的方法。将炸药安置在大楼的四周，削弱混凝土构件的支撑作用，这样它们就很容易坍塌了。引爆炸药，接下来就等着清理尘土吧。

方法2 用手

如果你不能炸毁你的学校，你可以尝试徒手来干这件事。日本的空手道高手足以击碎砖头。1994年，15个空手道高手拆毁了位于加拿大萨斯喀彻温省的一座有7间屋的房子。他们赤手空拳就完成了这项拆卸任务。

力在人类出现之前就已经存在了。尽管我们试图利用力的作用，但是最后，我们还是不能够完全控制它们。我们仅仅能够预测是哪种力会对新房子或小汽车产生作用。尽管设计者可能会犯致命的错误，但幸运的是，这种令人尴尬的疏忽还是很少的。

与此同时，物理学家们进行了许多关于力的发明创造。在伽利略和牛顿之前，没有人知道力究竟是怎么回事。今天，我们比以前知道了更多关于力的知识。因为力对于我们生活的这个世界影响太大了，几乎在科学的每一个领域都有力的参与。

就以原子为例吧。科学家们探明了力是如何使原子紧紧地联结在一起的（原子是组成宇宙中所有物质的最小微粒）。科学家的窍门就是利用一种加速器将聚集在一起的原子粉碎，这种机器看上去有些吓人，因为它足足有几万米长。然后你就可以在那些碎片中仔细找寻线索了。如果你是一位科学家的话，有时候考虑一些微小的事物是很有价值的。哈哈！

在太空旅行时，也会有力的作用。如果你要计划绕着太阳系做一次短暂的旅行，就必须知道行星的引力将会如何推动你的飞船。还要知道当你呼啸着经过行星的时候，离心力是如何将你卷入宇宙的深处的。你还需要一台先进的计算机来处理一些必要的数学运算。

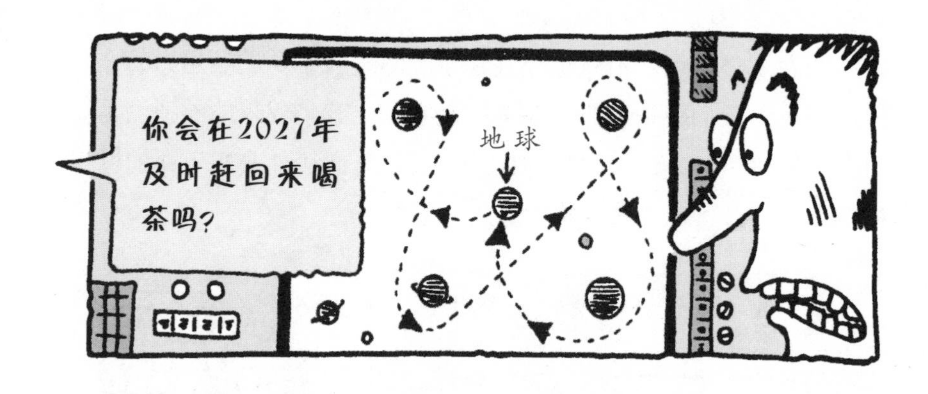

另外一些物理学家们正在研究地球引力究竟是如何作用于物体的。真的存在那种叫作引力子的、比原子还小的物质吗？一旦科学家们发现了这种物质，它们可能击败地球引力，飞机就可以不费力气地在空气中盘旋吗？

即使我们无法分离出这种物质——照样还有新的物质出现，例如，发明一种新的古怪的运动项目。就拿空中冲浪来说吧，你要做这项运动，就得小心翼翼地从空中客车上下来。你可以从飞机上跳下来，脚上绑着一块木板。你可以在降落伞打开之前（假设你的降落伞真的能够打开），享受到空中特技的快乐。

但是有一件事情是肯定的——人类将继续把力推向极限，科学家们也将继续研究力的作用原理。尽管我们的知识是有限的，但是我们的求知欲望是无限的。是呀，你不得不承认这一点。对吧！力常常会产生一些阴谋诡计，给人们带来致命的迷惑，但那才正是“可怕的科学”呀！

疯狂测试

现在看看你是不是力学方面的专家！

要想成为一个可怕的科学家，除了可怕的习惯以外，你还需要太多太多的东西。就像每个真正的天才知道的，你需要智慧。问题是，读了这本书后，你的大脑能知道什么？（直到你掌握了这个令人反胃的小测试再做决定！）

趣味力学（这些是连老师都应该知道的基本常识！）

先测试你在力学方面的基本知识。请将下列名词和解释联系起来。

1. 质量
2. 速度
3. 加速度
4. 摩擦力
5. 能量
6. 动力
7. 振动
8. 做功

a）改变速度或方向

b）做功的能力

c）移动一个物体

d）表示物体惯性大小的物理量，有时也指物体中所含物质的量

e）力引起物体移动一段距离

f）朝一个方向加速

g）物体通过一个中心位置，不断作往复运动

h）两个相互接触的物体，当有相对运动或有相对运动趋势时，在接触面上产生的阻碍运动的作用力

1. d）；2. f）；3. a）；4. h）；5. b）；6. c）；7. g）；8. e）。

古怪的测试

做做这个快速小测试，然后看看你能不能成为一个真正的古怪的物理学家……

1. 当有个东西从树上掉下来并砸到他的头时，艾萨克·牛顿开始研究我们所知道的重力。那个东西是什么？

a）苹果

b）梨

c）西红柿

2. 如果你从飞机上掉下来，最终的速度会是多少？

a）每秒9.8米

b）每秒50米

c）没有人敢做这项尝试

3. 下列哪种情况包含重力？

a）两车之间的引力

b）两个网球之间的引力

c）恋爱中两个人之间的吸引力

4. 月亮有多重（最接近的重量）？

a）73 490 000 000 000 000 000 000千克

b）1.5千克

c）597 420 000 000 000 000 000 000 000千克

5. 当一名宇航员远在太空，他的个子会发生什么变化？

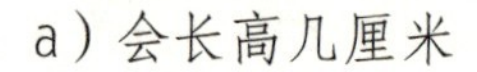

a）会长高几厘米

b）会变矮几厘米

c）会增加一倍

1. a）；2. b）；3. a）b）c）都是（每个有质量的物体都受重力影响）；4. a）；5. a）。

判断正误

你知道下列说法哪些是正确的，哪些是错误的吗？

1. 阿基米得想用一个滑轮系统来移动一整艘船。

2. 中世纪使用的弓射出去的箭能有1000多米远。

3. 1996年，恩·伯格建造了一个13.69米高的牌塔。

4. 人被大炮射出的最远距离是87.5米。

5. 两个木棒摩擦可能会生火。

6. 引力在赤道地区要比北极强。

7. 你在海洋最深处感受到的压力，相当于两个人站在你的头上。

8. 水可以在40摄氏度时被煮沸。

1. 正确。

2. 错误。箭只能射出320米远——但这足够让你在敌人到你身边之前射伤他。

3. 错误。恩的牌塔只有5.85米高。

4. 错误。为了让一个人做炮弹，他们没有用炸药——而用了强力弹簧。

5. 正确。摩擦力会产生足够的热量让它冒烟。然后有烟就有火……

6. 正确。

7. 错误。这相当于48架巨型喷气式飞机在一个普通人的头顶。

8. 正确。如果压力足够大，水就会被煮开。

速度、压力和温度

在地球上，你逃不开力的控制！速度、压力和温度是物理学家发现的有关力的非常美妙的3个结果。你对它们了解多少？

1. 地球中心的重力是多少？

   提示：没什么好担心的。

2. 为什么自行车选手要戴形状可笑的头盔呢？

   提示：哦，重点是什么？！

3. 当你潜入深水时，你的肺会出现什么情况？

   提示：现在深呼吸。

4. 如果你以9g的力加速会发生什么？

   提示：很容易死掉。

5. 为什么美国汽车有排障装置（cow catcher）？

   提示：想想一头飞翔的牛。

6. 地球上温度最低的地方在哪里？

   提示：地图上能找到。

7. 加速度是因为月球上的重力比地球大还是小？

   提示：你可以随意去想。

8. 一个人穿着高跟鞋站在地板上，脚跟会承受巨大的压力。这相当于多少头大象的压力？

   提示：脚尖也一样……

1. 没有。地核没有重力——但你不能真的去那儿看，我说的是对的！

2. 尖头的头盔让空气向四周跑，而不是打在身上降低他们的速度。

3. 它们会被挤压——越来越厉害，潜得越深压力越大。

4. 在你昏过去（或者眼睛流血）之前，4~6g的力只需要几秒钟。9g的力你会死的。

5. 他们为了不让牛挡火车。

6. 纪录诞生于俄罗斯——让人不寒而栗——零下89.4摄氏度。

7. 小。月球表面的引力大约只是地球的1/6。

8. 只一头——但是它要一只脚站着。

“经典科学”系列（26册）

肚子里的恶心事儿
丑陋的虫子
显微镜下的怪物
动物惊奇
植物的咒语
臭屁的大脑
神奇的肢体碎片
身体使用手册
杀人疾病全记录
进化之谜
时间揭秘
触电惊魂
力的惊险故事
声音的魔力
神秘莫测的光
能量怪物
化学也疯狂
受苦受难的科学家
改变世界的科学实验
魔鬼头脑训练营
“末日”来临
鏖战飞行
目瞪口呆话发明
动物的狩猎绝招
恐怖的实验
致命毒药

“经典数学”系列（12册）

要命的数学
特别要命的数学
绝望的分数
你真的会+－×÷吗
数字——破解万物的钥匙
逃不出的怪圈——圆和其他图形
寻找你的幸运星——概率的秘密
测来测去——长度、面积和体积
数学头脑训练营
玩转几何
代数任我行
超级公式

“科学新知”系列（17册）

破案术大全
墓室里的秘密
密码全攻略
外星人的疯狂旅行
魔术全揭秘
超级建筑
超能电脑
电影特技魔法秀
街上流行机器人
美妙的电影
我为音乐狂
巧克力秘闻
神奇的互联网
太空旅行记
消逝的恐龙
艺术家的魔法秀
不为人知的奥运故事

“自然探秘”系列（12册）

惊险南北极
地震了！快跑！
发威的火山
愤怒的河流
绝顶探险
杀人风暴
死亡沙漠
无情的海洋
雨林深处
勇敢者大冒险
鬼怪之湖
荒野之岛

“体验课堂”系列（4册）

体验丛林
体验沙漠
体验鲨鱼
体验宇宙

“中国特辑”系列（1册）

谁来拯救地球